KUNITACHI

国立景観裁判・ドキュメント17年

―私は「上原公子」―

Uehara Hiroko

上原公子・小川ひろみ・窪田之喜・田中 隆 編

自治体研究社

はしがき

本書は、国立景観求償裁判に関わった当事者の上原公子さんと弁護団の中心メンバーそして支援運動に参加した人たちが、この裁判と支援運動がどのようなものであったかを総括し、今後の景観運動と市民自治のあり方を展望した本です。

この裁判は、東京都国立市の大学通りの明和マンション問題に関して国立市が明和地所株式会社に支払った損害賠償金は上原市長（当時）の個人責任によるものとして、国立市が上原さんにその賠償を求めたものです。この裁判では、上原さんの四つの行為の違法性が問題となりましたが、東京地裁は、これらの行為は特に違法性が高いものではないとするとともに、国立市議会の債権放棄議決を有効とし、その議決を再議に付することなく求償権の行使をすることは信義則違反で許されないとする妥当な判断を示しました。ところが、東京高裁は、高さ制限地区計画条例の制定を図ったことは適法であるが、それ以外の三つの行為は不法であり、上原さんには少なくとも重過失があるとして、一審東京地裁判決を破棄して上原さんに損害賠償の支払いを言い渡しました。そして、最高裁は２０１６年12月に、本件裁判が憲法問題を含み、東京高裁判決には判例（神戸市事件判決等）違反と重大な事実誤認の問題があるにもかかわらず、それらについては一切判断することなく、上原さんの上告を棄却し、上告不受理の決定をしました。まことに理不尽な判断回避の決定というべきです。

司法の最終判断が出された以上は、上原さんは、約４５００万円を国立市に支払わざるを得なくなりました。しかし、それを上原さん個人に払わせるわけにはいかないということで、支援運動を行ってきた人たちや弁護団の人たちは、「くにたち上原景観基金1万人の会」（佐藤和雄代表理事）を立ち上げて、募金運動を展開することになりました。その結果、全国の多数の心ある人たちのカンパによって、２０１７年11月には全額を市に支払うことができました。理不尽な司法判断に対して、景観保護を大切にする市民たちがこのような市民運動の形でＮＯを突きつけたということもできると思います。

この裁判で基本的に問われてきたのは、市民の景観権・景観利益と企業の財産権・営業の自由のどちらを重視するのか、それとの関連で市民自治・地方自治をどのようにとらえるのかという問題です。たしかに、憲法では、財産権や営業の自由は保障されています（22条、29条）。しかし、これらの自由は、「公共の福祉」によって制限することが可能とされていますし、その「公共の福祉」の中には、市民の景観権・景観利益が含まれているのです。景観権・景観利益は、憲法が保障する幸福追求権（13条）や生存権（25条）の具体的な内容をなしているからです。それは、市民が自らの幸福を追求し、健康で文化的な最低限度の生活を営む上で不可欠な環境基盤を構成しているのです。欧州評議会で２０００年に採択された欧州景観条約（European Landscape Convention）でも、「景観は、個人及び社会の良好な生活の基本要素であり、その保護、管理及び計画はすべての人間にとっての権利であり、責任である」とうたわれているのです。

しかも、重要なことは、そのような景観を具体的にどのようなものとして形成し発展させるかは、地方自治体の市民たち自身が決定すべきであるし、また決定しうるということです。この点に関わって特筆すべきは、明和マンションを含む地域一帯について建物の高度を20m以下にする高さ制限地区計画条例の原案が実は市民自身の手で作成され、それが地権者の82%の同意を得て、しかも7万人の署名を添えて提案され、それを上原市長は市議会にかけて制定したということです。ここに、私たちは、まさに市民自治による景観保護運動のあるべき姿を見ることができると思います。このような運動を無視して、上原さんの個人責任に帰するような司法判断は到底日本国憲法や地方自治法が容認するものとは思われません。このような司法判断は、市民の力で糺していかなければなりません。

本書では、まず第1章で、上原さんが国立の景観運動の長い歴史を踏まえてこの裁判の当事者となった意味を述べ、合わせてこの裁判がもたらした「三つの不幸」について書いています。第2章では、弁護団長の窪田之喜さんがこの裁判がとりわけ住民自治の悪用に立ち向かう「オール国立」のたたかいであったことを明らかにし、「司法の誤りを超える自治の力」を説いています。第3章では、弁護団の田中隆さんが裁判の内容と問題点を「二つの前史」としての明和訴訟と神戸市事件最高裁判決などとの対比において具体的に検討しています。第4章では、国立の景観運動に携わってきた小川ひろみさんが景観運動の経過と「上原景観基金1万人」運動について書いています。そして第5章では、まず国立の景観運動に早くから熱心に関わってきた「東京海上跡地から大学通りの景観を考える会」会員の2人と末吉正三さんがこの訴訟に関して最高裁へ提出した「要請書」を収録しています。ついで、「まちづくり・環境運動川崎市民連絡会」の小磯盟四郎さんと「景観と住環境を考える全国ネットワーク」の上村千寿子さんが、それぞれの運動と国立の運動との結びつきを書いています。最後に、世田谷区長の保坂展人さんが最高裁に提出する予定であった「意見書」を要約した文章を収録しています。

本書が世に出るまでに、多くの方にお世話になりました。本書のタイトルと深く関わるイラストを描き下ろしてくださったＫｕｃｃｉさん。日々の激務の合間をぬって惜しみなくお力を貸してくださった木村真実弁護士と古田理史弁護士。また、自治体研究社と編集者の寺山浩司さんに大変お世話になりました。ここにお礼を申し上げます。

本書が、全国の多数の人たちに広く読まれて、これからの市民自治と景観保護の運動に役立つことを願ってやみません。

２０１７年11月21日

一橋大学名誉教授・「くにたち上原景観基金1万人の会」理事

山　内　敏　弘

[目次]

国立景観裁判・ドキュメント17年

―私は「上原公子」―

はしがき　山内敏弘　3

第1章　国立の景観を守り・育てた市民自治の歴史がまちの誇り

元国立市長
上原公子

駅舎に向かう桜並木の大学通り

国立市関係略図

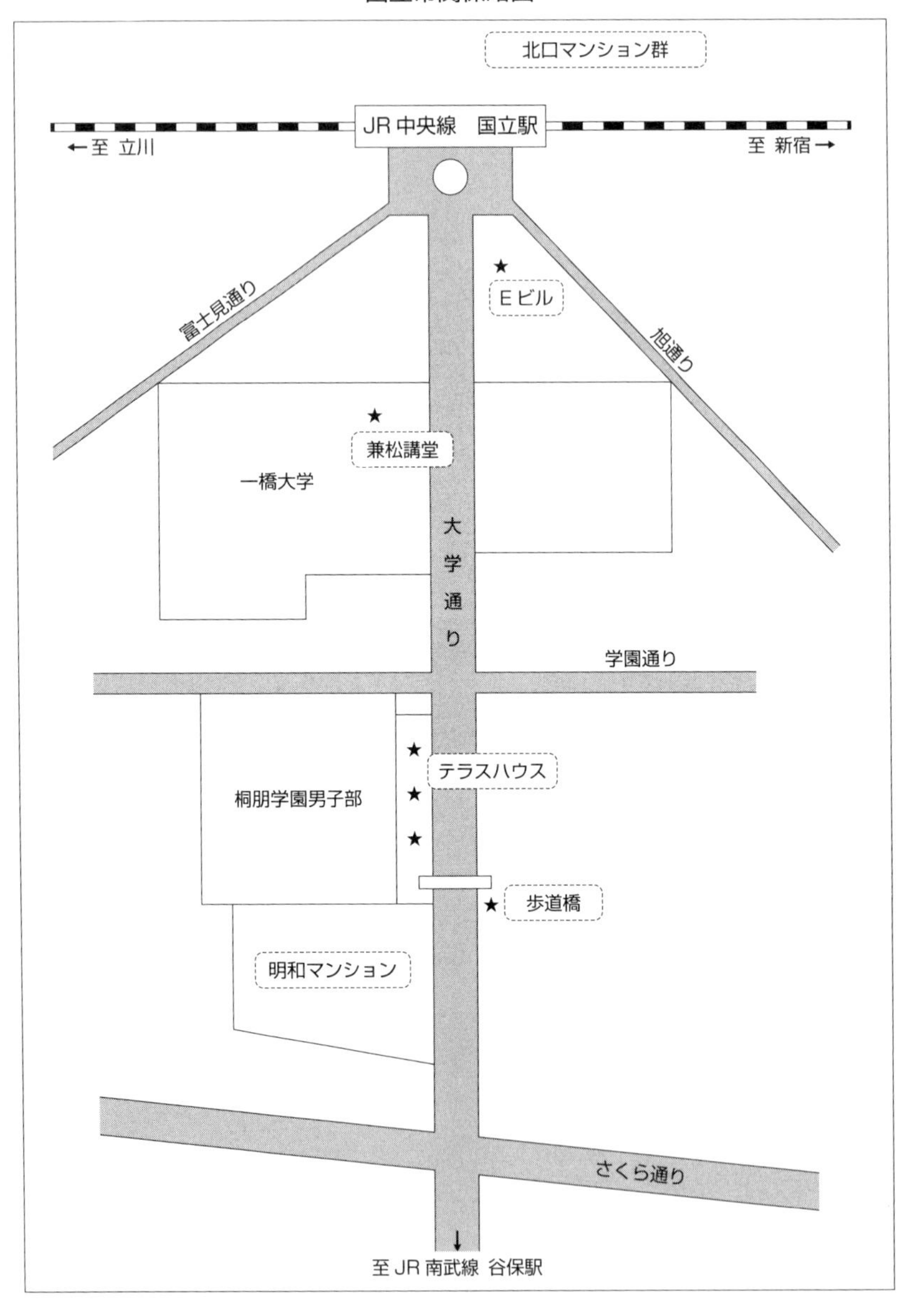

北口マンション群
JR 中央線　国立駅
←至 立川
至 新宿→
富士見通り
旭通り
Eビル
兼松講堂
一橋大学
大学通り
学園通り
テラスハウス
桐朋学園男子部
歩道橋
明和マンション
さくら通り
至 JR 南武線 谷保駅

1　国立景観裁判のはじまり

「高さ20ｍを超える部分の撤去命令」。こんな驚くべき東京地裁の判決が出たことを、皆さんは覚えていらっしゃるでしょうか。２００２年12月、マスコミ各社は歴史的判決を大きく報道し、日本中が騒然としました。何しろすでに出来上がっていた44ｍのマンションの20ｍ以上を取り壊しなさいというのですから、これは大事件です。マンション紛争で苦しんでいた運動団体にとって、憧れのまちとして、にわかに国立が注目されました。「国立景観問題」の貴重な一コマです。

１９９９年に明和マンション建設計画が浮上して、２０１６年12月に求償裁判の最高裁決定が出るまで、実に17年にわたる裁判が、「国立景観裁判」の物語になります。

裁判がたくさんあって、大変分かりにくいので、詳細は第2章、第3章で語ることにして、簡単に流れだけを整理しておきます。

まず、上原景観裁判は、明和マンション建設を巡る裁判（明和マンション問題）と、国立市が明和地所株式会社（以下、明和地所）に支払った賠償金を巡る裁判との大きく二つあります。前者の裁判は、三つの裁判と、明和地所が提起した④の裁判（明和マンション裁判）があります。

①　建築禁止仮処分申し立て（高裁で棄却）

②　違法建築をやめさせるよう東京都に対し「20ｍ以上の除却を求める」裁判（高裁で市民敗訴）

③　明和に対し「違法部分（20ｍ以上）撤去を求める」裁判（最高裁で棄却）
④　国立市に対し「地区計画、建築条例の無効確認」請求後に4億円の損害賠償請求を追加した裁判（最高裁で上告棄却、国立市一部敗訴で賠償金2500万円支払う）

また、後者の裁判は、4人の市民が提起した⑤の住民訴訟と、国立市が提起した⑥の裁判（国立景観求償裁判）があります。

⑤　国立市に対し「市が支払った賠償金を上原個人に請求せよ」という裁判（一審で市が敗訴、控訴後市長が代わり、控訴取下げで一審確定）
⑥　上原に対し「賠償金を支払え」という裁判（最高裁棄却で上原敗訴）

市民が起こした②、③裁判は、地裁では、いずれもすばらしい市民の意向をくみ取った判決でしたが、高裁で敗れ、最高裁で敗訴が確定してしまいます。

そして、明和地所が国立市を訴えた④裁判は、最高裁の棄却決定で、市は賠償金2500万円（金利を含め3123万9726円）を支払います。しかし、なぜか明和地所は受け取った賠償金全額を、市に寄付するというハプニングをもって、明和マンション問題は決着となったと思われました。

国立市民は、損害賠償裁判では負けましたが、条例の有効性は認められました。2004年、明和マンション問題をきっかけに、景観法ができ、最高裁で「法的に保護すべき景観利益保護」という新しい景観の概念が誕生したことで、実質的には勝利したと思い、闘い抜いたことを誇りに思っていました。

ところが、当時市長をしていた私が市長を退任して2年後の２００９年、４人の住民が、「市は上原元市長に賠償金を請求せよ」という⑤住民訴訟を起こしてきたのです。

これが次なる国立景観求償裁判のはじまりです。

「求償裁判」とは分かりにくい言葉ですが、公務員の違法な行為によって、損害が発生した場合に国や公共団体が責任を負うことを定めた「国家賠償法」による裁判です。本来は、公務員が賠償責任と隣あわせになることで、活動が消極的になることを防ぐために、第一次的には自治体の責任として問われ、公務員個人に故意または重過失がある例外的な場合に限って個人の責任を問う（求償する）という制度です。国立景観求償裁判は、国家賠償法第１条第２項が適用され、個人に対する支払いを定めたものです。

たしかに私利私欲のために、首長が権力を使って悪いことをするということもありますので、第2項の存在は、市民にとって必要な制度だと思います。しかし、それが政治的に悪用されたらどうなるでしょう。

例えば沖縄県の翁長雄志知事が、「オール沖縄」として、あらん限り闘う姿勢を崩していませんが、この翁長知事個人に損害賠償を求償するといったら、とんでもない、ありえないことだと思われることでしょう。同じように国立の景観問題もまさに「オール国立」で、市民と行政がともに闘った希な事例でした。当初、私たちはこんなことを司法が認めるわけがないと信じ切っていました。それが、司法はどう間違ったか、⑤のように東京地方裁判所では、市は上原に求償せよという判決が出たのです

（川神判決）。そのために、新しく市長になった保守系の佐藤一夫市長は、川神判決に対する控訴を取り下げて、私に賠償金を払えと裁判を起こしました。これが⑥裁判となり、私は、結局、明和マンション問題では同志としてともに苦しい闘いをしてきた市と闘う羽目になってしまったのです。２０１１年12月のことでした。最高裁上告棄却決定までの5年間は、市と市長だった私の闘いという、実に不可思議な裁判が闘われたのです。これが、今回の問題の「国立景観求償裁判」です。

国立景観求償裁判では市民自治を憲法上の市民の権利として位置づけ、その意を受けた市長の役割を論じることを、中心に据えてきました。

本章では、国立市民がなぜあれほどの情熱をもって、市民自治の手本といわれるほどに闘えたのかを、国立の歴史から探っていきます。

そして、国立景観求償裁判の高裁判決の問題点にも触れます。

国立の歴史を紐解けば、国立市のまちづくりの歴史は市民自治の歴史であったことが、分かってくるはずです。憲法の求める「地方自治の本旨」の実践例だといえるでしょう。世間をあっといわせた国立景観裁判の歴史的価値は、ここにあるのです。

2　不思議な街　くにたち

国立との出会い

国立は、本当に不思議な街でした。

初めて、国立市という街を訪れたのは、１９６９年の学生時代。当時中央線で吉祥寺を過ぎると、その沿線に広がるのは、畑や植木畑ばかりで、東京にもこんなところがあるのだと驚いたほど、のんびりとした緑の景色でした。

ところが、国立駅に降り立った途端、私は実に不思議な感覚に襲われたのです。

駅前からまっすぐ伸びる大きな通りには、大きく枝を伸ばしたゆったりした並木が、圧倒的存在感で眼に飛び込んできました。駅前にもかかわらず、高いビルがあるわけではなく、都会の雑踏というにぎやかさがあるのではないのに、なぜか生き生きとした街の息吹が感じられたのです。そしてなにより、行き交う人たちのたたずまいに、文化の香りを感じたのでした。それは、何か異国に降り立ったような、不思議な感覚でした。

その国立市全体が醸し出す不思議さの意味が分かるのは、景観という視点でまちづくりの裁判に取り組んだ時でした。

景観問題は突然始まった　1993（平成5）年

1993年11月議会のベテラン議員の一般質問で、大学通りの景観騒動ははじまりました。駅から大学通りに入ってすぐのところに、大学通りの商店街の中では珍しい、平屋の木造建築のビリヤード場がありました。その建物が壊され、36・6ｍ、12階のビルが建設される予定になっていることについての質問でした。それまで、大学通り入り口にあたる信用金庫は27・6ｍ、6階建てでしたが、並木の沿道には17・4ｍ、5階建ての商業ビルが一番高いビルでした。しかも、計画のビルは1、2階部分のみが商業用で、上部はマンションです。バブル期に全国で展開してまち壊しをした、容積率を精一杯使った高層マンションが、ついに国立にもやってきた瞬間でした。

私は、1991年から生活者ネットワーク所属の議員になっており、議場で聞いたビルの計画に大きな衝撃を受けました。議会の衝撃はたちまち市民にも広がっていきました。

1990年代は、バブル狂乱がすでに終わり、経済の冷えは長期化予想で、先の見えない不安な時代になっていました。それでも土地神話はまだ生き残っていて、各地で相変わらずマンション紛争が頻発していました。そんな時代でも、国立市民は、大学通りだけは市が絶対に守る格別の場所であるとの信念を抱いていたのです。ところが、市長がマンション紛争には「行政は不介入」との姿勢を明らかにしたことで、国立駅周辺に次々にマンションが建設されはじめ、裁判が相次ぎ起こり、国立は紛争の街へと変貌していったのです。

市民は市民の法的権利を行使して、「景観条例制定の直接請求」運動を展開しました。請求署名は、法定数の7倍を超えましたが、それでも、市長の拙速であるとの反対意見書に議会が同意して否決。市民の願いは届きませんでした。

次なる闘いは、裁判です。一つ一つのビルの裁判は、もぐらたたきのようで、とても追いつきません。そこで、まちづくり全体の問題を、「景観」というキーワードで裁判をすることにしました。日本で初めての「普通のまちでの景観裁判」です。

私は1期で議員を降り市民運動に戻って、景観裁判の300人の原告団の幹事の一人として活動をはじめました。そのとき改めて、景観とは何かの論争をし、国立市民の中に「景観＝まちづくり」という認識が生まれたのです。私の担当は、国立の景観まちづくりの歴史を調査することになり、それからは図書館にこもって、まちづくりに関するあらゆる資料を読みつくしました。隅々にまで目を通しながら、驚愕したのです。国立の歴史は、市民自治の歴史そのものだったのです。

この経験が、市長になった時、市民自治のまちをつくるのが、私の使命として揺るがぬ信念となりました。

その市民自治の歴史をさかのぼり、主な出来事を取り上げてみます。

堤康次郎の描いた景観の都市計画　1924（大正13）年

国立のまちとしての歴史は、まだ100年もたっていません。

土地開発事業で西武という王国を築き上げた堤康次郎が、1923（大正12）年の関東大震災で倒壊した東京商科大学（現一橋大学）の誘致を図ることで、国立に理想の学園都市を創出する計画をすることからはじまります。それは単に、一介のディベロッパーの利益主義の野望にとどまるものではありませんでした。堤は、本社を国立に移し、社員のみならず自らも国立の住民となって、商大学長・佐野善作のまちづくりビジョンに沿った都市計画を、理想に近いものに完成させようとしたのです。堤の格別の思いのこもった、壮大なまちづくりでもありました。

堤の描いた国立の都市計画は、理想の学園都市の環境が、景観にこだわることで維持されると考えていました。そのため、土地の売り出し当時の広告を見ると、さまざまな規制をしています。「国立大学町が郊外生活者のメッカたりメシナたる以上その外観にも内容にも美しく整備した街でならぬのは勿論のこと」「トタン屋根やナマコ張りの粗雑なバラック建その他街の美観を損ずるが如き建物は一切建築せぬ事を条件として頂きます」「次に大学町は学校を中心とした平和にして静かな郊外理想郷ですから工場や風儀を紊（みだ）れる営業は絶対にお断りせねばなりません」。

この売り出しの広告に見られるように、すでに開発当時から、国立はその土地利用に規制をかけ、景観がまちづくりのキーワードであり、他に例のない国立の個性ともいうべきものだったのです。

市民手作りの大学通り　1934（昭和9）年

市民の活動は、1934（昭和9）年、皇太子誕生を祝って大学通りの両側に桜の樹を植えたことにはじまります。理想の学園都市として描いたものの、分譲地の販売がままならなかったところ、町興しのために、市民が総出で桜と交互に銀杏の樹を植え、現在の緑地帯の原型ができ上がります。車をほとんどと見かけることがなかった時代に、大学通りの幅は当時としては法外な44ｍもありました。その車道を18ｍにして両脇に緑地帯をつくったのです。大学通りは、市民の手作りの宝物になりました。

「まちづくり」の言葉を誕生させた「文教地区闘争」1951（昭和26）年

国立市のまちづくりの方向性を示す基本構想には、第1期1976（昭和51）年から現在にいたるまで、都市像を「文教都市くにたち」と定めています。「文教都市」との位置づけは、戦後の復興がはじまったばかりの時代に起こりました。

隣の立川に、1946（昭和21）年米軍立川基地が設置され、1950（昭和25）年に朝鮮戦争が勃発すると、国立にも駐留の米兵が流れ込むようになりました。と同時に米兵相手の女性たちが街角に立つようになり、学生相手の下宿屋が次々に売春宿に変わっていくということが起りました。理想の学園都市の環境は一変したのです。これを憂いた市民は、一橋大学の学者、学生と一緒に、学園都市にふさわしい環境を取り戻す運動を開始しました。

この運動は、1950（昭和25）年に公布された「東京都文教地区建築条例」の指定を受ける運動へと展開することにより、賛成派と反対派が激突する、まちを二分する激しい闘いになりました。文教地区指定反対の理由は、制約を受けることにより、まちの経済的発展の妨げになるのではという危惧でした。国立町議会では賛成派と反対派が拮抗し、大議論が巻き起こりました。まさに、国立のまちの行方を決める決定的な事態でした。４人の国会議員が視察に訪れ、ＮＨＫニュースは「文教都市国立の問題は全国の問題だ」と放送し、国立の運動は全国が注目するところとなりました。

町議会で二転三転しながら、わずか1票差で、文教地区指定が決定し、翌年１９５２（昭和27）年、建設大臣の正式指定を受けました。「文教都市くにたち」の誕生です。

子どもの教育環境を守りたいという素朴な願いからはじまった運動は、文教地区指定運動へと成長することにより、戦後の国立の歴史を貫く「開発」より「環境」を優先させるまちづくりの方向を決定づけたのです。そして、文教地区指定を、全国でも稀な、市民発意で実現したことで、国立市民はまちの政治が自分たちで変えられることを実感し、市民自治への活動が盛んになっていくのです。

堤の作った「学園都市」は、市民が勝ち取った「文教都市」へと変わっていきました。

東京理科大学の渡辺俊一教授の論文、「国立における『まちづくり』の草創過程―増田四郎『都市論』を背景として―」（渡辺研究室）によれば、現在広く一般的に使われている「まち（町）づ（つ）くり」という用語は、１９５２（昭和27）年一橋大学の社会史学者・増田四郎の論文の中で初めて使われました。それは、国立の「町」をモデルに描いていたと推察できる、とされています。国立の文教地区指定運動は、戦後の新憲法下における日本の民主主義の市民運動として、歴史に残る意義あるものであったといっても過言ではありません。

歩道橋事件　１９６９（昭和44）年

日本初の環境権を争った、あまりにも有名な歩道橋事件は、１９６９年に始まり、国立在住の文化人まで論争に巻き込みながら、１９７０年に市民が提訴して以来、高裁の控訴棄却の判決が１９７４年に出るまでの長い市民の闘争になりました。この裁判での原告の主張は、一つには憲法第25条の環境権侵害でしたが、それは当時「美観」という呼称での景観の損傷を意味していました。国立市民は、すでに40年ほど前から景観を権利として明確に認識しているのです。この歩道橋の設置場所は駅前ではなく、この裁判の明和地所所有地に近接する大学通りに架けられたものです。市民は、学校の集積する当該地に、歩道橋を設置することすら美観を損ねるものとしてＮＯを出したのです。

国立市東４丁目の歩道橋

この裁判をきっかけに、美観を車社会に譲らない人間優先のまちづくりの警鐘として、歩道橋問題が全国に広がります。

当時の市長は、市民から訴えられていたのですが、この裁判後に、第1期基本構想の目的を「人間を大切にするまちづくり」とし、「市民は、自分の住む街を、どのようなまちにするかについての権利と義務を持っている」と書き込みました。市の基本構想に、地方自治の本旨は市民自治であることを明記したのです。

この歩道橋事件に端を発し、国立市民は環境を重視したまちづくりに改めて取り組むことになります。この時期、国立でもマンション建設がさかんになりますが、建設を巡って国立市民の反対運動も活発になります。

軍艦マンションからガーデン国立へ　1973（昭和48）年

1973年3月、用途地域緩和問題で一橋大学以南地域が揺れている時、明和マンション北側、そして桐朋学園東側の大学通り沿いの国立音楽大学所有の土地が、蝶理株式会社に買収され、7階建て80戸のマンション計画（市民は軍艦マンションと呼称）が桐朋学園に提示されました。桐朋学園側は学園児童の教育環境を守るために2階案を主張しました。この問題は、周辺住民とともに、「大学通りを公園にする会」として、都や市と交渉を続け粘り強い運動として展開されました。結果、土地は1976年に蝶理株式会社から山一土地株式会社へ転売され、1978年に、2階建て33戸のテラスハウスとしてようやく完成。長い闘いに終止符を打ちました。7階建てマンションから2階建てのテラスハウスへの転身は、結果的に、大学通りに一層の付加価値をつけるデザインとなり、映画やテレビのロケーションにもしばしば使われています。国立市民の景観への執念ともいえる思いが、大学通りを育むことになった象徴的事件でした。

この経験があって、桐朋学園グランドの南側に建設される明和マンション問題が起こった時に、桐朋学園は素早く市民とも連携し、運動の担い手の大きな柱になりました。

景観を守ったテラスハウス・ガーデン国立。奥のビルは明和マンション

もはや市長を変えるしかない――上原市長選へ

1999（平成11）年

こんな歴史をもつ国立は、うっかり手を出せばやけどをするという、建築業界にとってはタブーのまちでした。お陰で、ほとんどのまちが、開発で同じような顔になっても、国立は手つかずの美しさを保てていたのです。

1993年景観騒動のきっかけとなったビリヤード場が8階建てのマンションに変わり、ようやく市民は、市が国立の誇りである大学通りを見捨てようとしていると気づきはじめました。景観裁判も起こされ、政治的に追い込まれた市長は、渋々ながら景観条例をつくらざるを得ませんでした。しかし、相変わらず、マンション紛争に関わることを拒否し続ける市長に対し、業を煮やした野党議員から「到底この条例を活かした街作りは期待できない。退陣していただくしかない」との発言が議場に響きました。1999年3月、市長に対する決別宣言でした。

たくさんのマンション紛争や、景観裁判を通して、市民の政治不信はふつふつと広がりつつあることを感じていました。時は満ちたのです。「景観を守り市民自治の復権を果たす」を標語に、政党や組合に依存しない市民個人が寄り集まった選挙を貫くことを決意し、私を候補者とし市長選に突入です。お金も組織も動員もないから、寂しい地味ないでたちでした。ハラハラドキドキで、思わず手を出さずにはいられない気持ちが、徐々に耳を傾け寄り添う現象を生みました。個人の思いの結集の選挙は、これまでの選挙とは全く様子が違いました。ついに、市民が選挙を自分たちの力で変え、動かしたのです。同時選挙だった市議選も、定数削減の中、前市長側18人対野党8人から上原側13人対反上原側11人と大きく議会構成も変えました。

1999年4月の市長選勝利は、再び市民が政治を自分の手に取り戻しました。あの伝統と誇りを呼び覚ました歴史的市民の勝利となったのです。直接請求運動、裁判、選挙というあらゆる市民の権利を駆使し、市民自治の復権が実現したのです。

3　明和マンション問題が再度市民自治の誇りに火をつける

「東京初の女性市長誕生」「景観派市長の誕生」とテレビや新聞は連日報道し、国立は全国の注目のまちになりました。

上原を一人にしていてはいけないと、市民は議会を傍聴し続けることで支えてくれました。傍聴席

明和マンション

東京海上火災計算センター

80席に対し200人が押し掛けるのですから、市役所は議会ごとに大賑わいです。

そんな喜びの気分が冷めやらない最中に、あの明和マンション計画がやってきたのです。これは火に油を注ぐようなものです。喜びの力は怒りのマグマに変わりました。しかもマンション計画は、市民が長い間闘い守り抜いてきた、歩道橋事件、軍艦マンション、桐朋学園のど真ん中だったのですから。

そのマンション計画の地には、かつて東京海上火災の計算センターがありました。高く土盛りをした法面（のり）にはぎっしりとサツキが植えられ、大学通りの景観に花を添えていました。4階建てのセンターは、緑に囲まれ歩道からは見えないほどのものでした。高度経済成長時代に、センターを高層化のために、容積率緩和の要請が当時の市長にありました。国立市にとってかけがえのない優良企業からの申し出だったのですが、市民運動の恐ろしさを知っている市長は、緩和を認める決心ができませんでした。そのためにセンターは多摩市に移転し、1万7800㎡の広大な土地が更地のままになっていました。なにしろ国立は、「景観」「環境」の良さでとても土地の価格が高く、住宅街の30坪の家が1億円と破格の時代ですから、広大な土地の買い手は、なかなかいなかったのです。そこに、14階建て３００戸の巨大マンション計画があるとの情報が飛び込んできたものですから、市民は黙っておれません。

国立市民の底力を発揮して守ってきた場所。しかもやっと、景観派の市長を誕生させ、憧れのまちといわれた矢先だったのですから、これは、企業が市民に喧嘩を仕掛けたとしか思えない出来事だったのです。

１９９９年8月14日には、合計19団体による「東京海上跡地から大学通りの環境を考える会」（以下、考える会）という大きな市民組織が立ち上がりました。

それから、わずか1か月という短期間で、考える会は5万人を超える署名（国立市の人口は7万人余り）を集めて、9月議会に明和マンション建設計画見直しの陳情を提出しました。その署名の数は、それはいうまでもなく議会の反対の口を封じるに十分な驚異的な数でした。これからは、明和マンションとの闘いは、表立っては、市民も議会も各審議会も「オール国立」での取り組みとなりました。

4　市民発意の「地区計画」が決定打に

市は条例や要綱に基づいてさまざまな指導をするのですが、明和地所は国立市の公文書を突き返すなど、全く耳を貸そうとしない態度に終始していました。しかし、陳情が採択されましたので、全庁挙げてさらに対策を練ることにしました。都市計画法の「地区計画」で高さ制限の規制をかけるのが、一番効果があることはわかっていましたが、東京都に相談しても、「地区計画」は都の権限で、手続に時間がかかるとの判断でした。しかも、すでに建物が張り付いている地域で、規制をかける「地区計画」に地権者の同意を得ることは至難の業で、何年もかかることを経験上知っていましたから、短期間で条例化まではほとんど不可能と担当職員は思っていました。

ところが、市民が都に相談に行ったところ、市に回答したのは間違いであり、前年に地方分権改革の一環で、高度制限の地区計画は、市で決定することができることが分かったのです。このことは市民にとって、闇に明るい光が一挙に差し込んだような希望になりました。

ここからが、国立市民の本領発揮です。

考える会のメンバーで都市プランナーの専門家を中心にして「都市計画」案を直ちに作成。すぐさま、考える会は地権者の同意書を集めに回りました。わずか5日間で、地権者の82％の同意書を取りつけた上に、「地区計画の早期条例化を求める」署名をつけて、市に駆けつけました。市長就任からわずか6か月、1999年11月15日のことです。

それからさらに、年が明けて、1月31日開催した臨時議会までに集めた地区計画の条例化を求める署名数は、なんと7万人を超えていました。7万人の署名の束を、うず高く積み上げ手渡された時の光景を、私はいまだ忘れることができません。あまりの感動で、思わず涙がこぼれそうでした。

さあ、これからは市長である私の仕事です。都市計画法に沿って手続を踏んで縦覧、意見聴取をした後、都市計画審議会で承認を得、議会で条例を同意してもらわなければなりません。それからは、ドラマを見るような抵抗勢力との闘いの連続です。

都市計画審議会開催のために、年末から委員とスケジュール調整に入りましたが、何しろ前市長の時代に選ばれた委員ですから、何度調整しても、その日のうちに取消しを言われ、まったく日程が決まりません。ほとほと困り果てていましたが、委員長が、過半数の出席があれば開催すると決断され、何とか1月21日に都市計画審議会で可決することができました。

次は、議会で条例化をしなければなりません。条例化によって強制力が生まれます。市民の要求は「早期条例化」ですから、議長に臨時議会開催のお願いをしました。当時議長も副議長も、なぜか野党でした。

そのために、これがまた、前代未聞の珍事ともいえる抵抗劇があったのです。

議会の召集権をもつ市長と、議会開催権をもつ議長との闘いです。何しろ7万人の署名が付いていますから、市民の前で反対をするわけにはいかないわけです。結局、議会を開かせない作戦で、議長は臨時議会を認めないと言い張りましたが、市長には議会招集権がありますので、1月31日臨時議会開催を通告しました。当日は、議員全員が市役所に集まってきましたが、今度は、野党の引きこもり作戦でした。議長が議会の開催権をもっていますから、議長が議場に入らない限り、議会は開かれないのです。

議場の傍聴席はもちろんのこと、市役所には市民が押し寄せていました。各社マスコミも劇的瞬間をとらえようとカメラを構えて待機しています。野党議員がじっと控室に引きこもったまま、時間は刻々と過ぎていきます。

議会は、午後5時までに開会しなければ流会になってしまうと判断した与党幹事長は、4時40分に正副議長に議会開会を宣告しました。

4時50分、市長と部長たちが議場に入ると、待ちかねた傍聴者から割れんばかりの大きな拍手がわき起こりました。それでも、野党議員全員が議場に入らなかったため、正副議長が事故あるとみなし、臨時議長を選出して、開会宣言をし、いよいよ議会がはじまりました。しかし、抵抗する者の知恵はすごいものです。議長が最後の手段とばかり、次の手を打ってきました。実は、議事を円滑に間違いなく手続を踏むように、議会事務局の存在は大きいのです。そして、議会が開催された証拠に、議事録をつくらなければ議会の成立は認められません。議長は速記者を含む議会事務局員全員を、議場に入ることを認めなかったのです。そこで、私と部長たちは、庁内からあるだけのテープレコーダーをもち出して議場に入り、それぞれ発言するときには、テープのスイッチを入れながら記録を残したのです。

野党の引きこもりが続く中、議場に入った議員全員の賛成で、高さ制限の条例は、ようやく可決しました。

前代未聞の議会の中、市民の努力は、「高さ制限の地区計画」条例として形になりました。

5　国立景観運動の意味

景観とは何なのか、１９９３年にはじまった高層ビル問題から「景観」という価値について、国立市民は考え続けました。当たり前に受けてきた国立の美しさ。それは、並木道の緑という人工的なものではあるけれども、自然のもつ四季の贈り物を感じられるのが美しいのであり、そこにその美しさを保とうとする人びとの努力が見える豊かさなのではなかったのか。国立の美しさは、まさに市民自治の努力なしには存在し得なかったという感謝が、受け継いでいく者の責任を目覚めさせていったのです。だから、歴史という時間をかけて育て上げた景観は、国立市民全体の誇りになり得たし、突然やってきたものに食い荒らされることは、なんとしても認めることができなかったのです。その確認が、まちを託す代表として私を市長として送り込み、それぞれの役割としてまちを守ることを貫き通しました。これが、国立の「景観」のもつ意味だったのです。

6　求償訴訟は市民自治破壊の行為

私は、２期８年を区切りとして、２００７年に市長を退任しました。後を引き継いだのは、議員として景観問題をともに闘ってくれた関口博さんです。明和地所が市を訴えた④の裁判は、市の上告を議会が否決したために、市としては上告を断念せざるを得ませんでした。しかし、補助参加人として裁判に係わっていた市民が市に代わって上告し、市民が最高裁で最後の訴えをしていた最中でした。関口市長時代の２００８年に最高裁で棄却され、市は賠償金２５００万円と金利合せて３１２３万９７２６円を明和地所に支払いました。先に述べたように賠償金全額を明和地所が寄付することを、議会も同意してようやく政治的決着もつきました。

ところが、私が、市民に戻って2年後の２００９年5月に、４人の市民が国立市に対し、「元市長上原に賠償金として市が支払った３１２３万９７２６円を請求せよ」という住民訴訟を提訴したのです。それはもう青天の霹靂でした。

このときは、訴えられたのは市ですから、当然、関口市長は私に代わって裁判をしてくれたのです。結果は、市が敗訴し、市は直ちに控訴します。しかし、直後の選挙で関口氏が敗れ、保守系の佐藤一夫市長が誕生しました。ところが、佐藤市長はなんと、控訴を取り下げ、敗訴を確定させたのです。つまり、市長自ら闘いを放棄して負けを認めたのです。これは市民自治に対する背任行為としかいいようがありません。

その上、２０１１年12月には、市が「賠償金を上原が支払え」という⑥の裁判を起こしました（国立景観求償裁判）。ここからは、上原が市と裁判を争うことになったのです。あり得ない話です。私は茫然としてしまいました。すでに金利がかさみ、賠償額は４０００万円を超えていました。一人でどうやって闘えばいいのだと、途方に暮れてしまいました。そこに新聞で裁判を知った、かねてより親交のあった窪田之喜弁護士から、「私にお手伝いをさせてください」とのお電話をいただき、市民からも「心配するな」と励ましが続々入ってきました。そして、憲法の師として教えを受けていた、一橋大学の山内敏弘教授も学者の間を奔走して、この裁判を闘う道を開いてくださいました。私はようやく元来の元気を取り戻しました。幸い、さまざまな運動で、全国に弁護士のネットワークをもっていましたので、直ちに42人の弁護団が結成されました。法政大学大学院でお世話になっていた五十嵐啓喜先生が、「政治家である市長は中立でなくてよい」と論じてくださり、弁護団の方針が明確になりました。

42人の弁護団は、これまで国立の景観裁判に関わった弁護士は一人もいません。全く新しい視点で明和マンション問題を議論しつくし、ときには準備書面が150頁にもなるという情熱を傾けた裁判になりました。司法に対し、市民自治論を挑んだのです。一方市民側は、「くにたち大学通り景観市民の会」を結成し、チラシ配り、街宣活動をして改めて活動を開始しました。また、全国から支援のために裁判に駆けつけた人たちで、5年間の裁判の傍聴席は、毎回満席となりました。

かたや、訴えた側の市といえば、今度は景観運動を否定しなければならないものですから、本当に悲惨なものでした。何しろ、ともに闘った市長に対し、本来いうべきものがないはずです。市の出してくる証拠が、すべてかつて市が闘った相手側の明和地所の出した証拠なのです。本当にあきれ果てました。明和地所の証拠は、あまりにも虚言に満ちたものであるとして、職員は怒りいっぱいで反論してきたものなのです。ほかに出すものがないからといって、明和地所の証拠しか出せないのでは、職員もたまったものではありません。

国立景観求償裁判の中身の詳細は、第2章、第3章に述べますが、地裁判決は、私の全面勝利でした。判決言い渡しの瞬間、満場の傍聴者からは、大きな歓声と割れんばかりの拍手が鳴りやみませんでした。増田稔裁判長は、傍聴者を制することなく、興奮が収まるのをしばらく静かに微笑みながら待っておられたのが、印象的でした。

7　確定した高裁判決の創作劇

地裁判決を、すべて覆した高裁小林昭彦裁判長の判決（小林判決）は、違法とするために、ここまで司法はねつ造するのかと恐ろしくなるような内容でした。内容については、第3章に書かれていますが、少し当事者の立場から意見を述べておきます。

違法として、賠償を求められたものは、明和マンション裁判の2005年12月19日高裁判決（根本判決）の中で示された4行為がベースとなっています。

第1行為　市民との懇談会で、明和マンション計画の話をしたことで反対運動が広がった

第2行為　地区計画の条例化で急激な政策変更を行った

第3行為　市議会で東京高裁の決定を引用して、「違法建築」と答弁した

第4行為　東京都に要請や抗議を行った

根本判決では、「個々の行為を単独で取り上げた場合には、不法行為を構成しないこともあり得るけれども、全体として観察すれば、補助参加人ら（市民）の妨害行為をも期待しながら営業妨害をしたものと判断」し、市民の妨害を期待した四つの行為という書き方になっていました。この時点では、市長権限で行った地区計画の条例化が最も重いとされていた節があります。

ところが、地裁で3人の市民が地区計画は市民が自らつくったことの証言をしたことで、小林判決では、違法行為の中から第2行為を外しました。となると、違法性の中核がなくなってしまい、残る3行為を違法とするためには、なんとしても重大な過失にしなければいけなくなったのです。

小林裁判長の意図は明らかでした。判決文にさりげなくこう書かれていました。

「被控訴人は、大学通りの景観利益保護という公的な利益に基づいて上記の行為に及んだものと認められるが、明和地所が行政指導に従わないことが確認された段階で、地区計画等の法的な規制を及ぼす手続きのみをしていれば、国家賠償上の違法とされることはなかったものと考えられる」。

これにはあきれ返りました。小林裁判長は、首長は行政マンではなく政治家であることを認識していないか、もしくは、余計なことをする首長は、違法だと言わんばかりです。これは、司法の地方自治に対する恫喝です。

そして、重過失にするための3行為の創作劇が、必要となりました。

第1行為については、「反対する住民運動がおこることを企図して」とか「マンション建設を妨害するために住民運動を利用した」という表現で、あの市民の大運動は、上原が仕掛けて市民を使って起こしたものだということにしました。あくまで、市民自治を認めないことであり、利用されたとされた市民にとっては、耐え難い屈辱的なものになりました。

第3行為については、国立市議会で議員の「違法と思うか」との質問に対し、「2000年『東京高裁決定』を引用しての高裁の判決の中で、建築物制限条例に適合しない、違法であるというふうにいわれておりますので、司法判断の通りだというふうに思います」と答弁したことについて、小林裁判長は「答弁は、何らの思惑なしになされたものではなく……これが違法な建築物であることの印象を与えることを意図して答弁した。このような答弁が報道されて損害は生じたことが認められる」としました。実際は報道されていないのですが、二つ問題があります。一つは、議会で裁判の判決を引用してはいけないのかということと、記者会見や、記者の質問に答えることが、時には違法とされるのではないかということです。報道は悪意も、善意も自己判断でいろんな書き方をします。その報道されたことにも首長が責任を負うということを意味します。

そうなると、うっかり記者には話もできなくなります。これは報道の自由の侵害にもなりかねません。

第4行為については、本来、地方の首長は、政府や関係省庁、または関係機関等に働きかけるために実に多くの時間を割いています。法の番人に徹すればことが足りるのであれば、「市民のための政治」をなす政治家としての使命は果たせないのです。法の基準の見直しや、特別配慮などを願って日参するのは、市長の当たり前の仕事です。

小林判決の認定した三つの違法行為は、首長だったら、ごく普通にやっている行為にすぎません。どうしても違法にするための実に見事な創作劇の目的が、「法的な規制を及ぼす手続きのみをしていれば、国家賠償上の違法とされることはなかった」ことであれば、この結果、市民の思いに応えるために懸命の努力をしている首長を萎縮させることは間違いありません。市民自治にも大きな影響をもたらすでしょう。

8　忖度する司法の歪み

圧倒的多数の民意でなされてきた市民自治の営みが、たった4人の市民の訴えによって、一人の市長への求償という形で終わるとすれば、それは市民自治の破壊そのものです。なぜなら、求償は市が市民の意思として上原個人に責任を負わせることになり、市民自身の市民自治の自己否定となってしまうからです。

たしかに、民主主義は、たった一人の異論であっても受け止めることを認めなければなりませんが、大多数で決定したことを、一人の言い分で司法が覆すことは許されることではありません。なぜなら、市民自治とは主権者である市民が決定権を有し、その代表たる首長、議会は主権者の意向にしたがって、手続を踏みながら決定をして運営をしていかなければならないからです。司法が、その市民自治の本旨を覆し、4人の言い分を認めることは、国立の市民自治を司法が打ち破ることになるのです。

この求償裁判に最高裁で棄却を慌てて出した前後に、沖縄訴訟の判決も出されました。そして間もなく、国立市の事例を出しながら、政府が沖縄翁長知事の個人賠償を求めることを想定しているという記事が出ました。国立景観求償判決は、沖縄裁判を想定した結果であったということが明らかになったのです。

第3章の最高裁判決分析を見ていただけると分かりますが、いまや、残念ながら司法界も、主権者たる市民のためのものではなく、権力者に忖度どころか言いなりのものになりつつあるといっても過言ではありません。

私たちは、憲法第32条で等しく公正な裁判を受ける権利をもっています。その保障として、第76条第3項では、「すべて裁判官は、その良心に従ひ独立してその職権を行ひ、この憲法及び法律にのみ拘束される」としています。

この裁判で見えてきた、司法の歪みを私たちは次なる課題としてとらえたいと思います。

9　求償裁判地裁での上原最後の陳述

求償裁判では、私自身も、首長の公平性の問題、市民自治の意味について何度も陳述をしてきました。地裁での結審の日、2013年9月19日最後の陳述です。

「国立求償裁判の3つの不幸

今裁判の弁護団は、総勢40人以上の全国の弁護士からなっています。裁判に向けた会議はいつも白熱し、結果、提出された準備書面は毎回渾身を込めた膨大なものになっています。おそらく、地方自治、市民自治のあり方をこれほど論じたものは、これまでなかったかと思います。その素晴らしい論を展開された弁護団は、全てボランティアです。そして、裁判ごとに傍聴席を埋めつくした傍聴の皆さんも、全国から駆けつけた人たちです。

この裁判は、こういった弁護団や市民の皆さんの熱い思いに支えられて結審の日を迎えています。ここまで、この裁判にかかわった人たちを突き動かしたのは、この裁判があってはならない不幸な裁判だからです。この裁判の何が不幸をもたらしているのかをお話して、私の最後の訴えにいたします。

その1、国立市の不幸

（略）

この裁判の理不尽さは、市民の意向を真摯に受け止めた国立市が、義務付け訴訟になったとたんに原告として、この一連の『オール国立』の闘いを批判し、行政の行為を『営業妨害』として論じなければならなかったことです。

市長交替で、国立市のまちづくりの方針が、『景観保全』から『開発』に転じたのであればまだしも、原告となった現市長も、選挙で景観を守ることを誓っています。景観行政の継続を市民に訴えながら、裁判の原告となったために、第二の文教地区闘争と評価すべき明和問題の市の頑張りを、まるで悪政のごとく論難する立場になったことは、市にとって全くの汚点として記録されることになってしまいました。国立市にとってこんなに後味の悪い裁判になろうと誰も予測しない出来事であり、国立市にとって全く悩ましい不幸な出来事となっています。

その2、国立市民の不幸

（略）

国立市民は、文教地区運動を出発として、市民がまちを守り育てることに心血を注いできました。国立の町の歴史は市民自治の闘いの連続であったといっても過言でありません。だからこそ市民自治は誇りであり、伝統だからこそ困難を極めた明和マンション問題に屈せず闘ってきたのです。

それを国立市によって否定された市民は、どんなに嘆き悲しんでいるか。国立市が原告となったために、上原を通して市と闘わざるを得なくなった市民にとっても、こんな不幸な裁判はないのです。

その3、市民自治の不幸

本裁判の初日の陳述で申し上げましたが、この裁判は上原個人の裁判ではなく、憲法第92条に言う『地方自治の本旨』を問う裁判になっています。（略）この裁判の結果は、今後の地方自治に大きな影響をもたらすものです。結果によっては、気に食わない政治家は、このような裁判で叩き潰すことも可能です。少なくとも、確実に、行政はいかに市民の要請があろうとも、萎縮した行政しかできなくなります。だれも、個人で法外な賠償金を支払うリスクは負いたくないからです。地方分権が形骸化していくことは必然です。少子高齢化時代に向かって、自治体が自立した運営をできるかが今後の日本にとって大きな課題なだけに、地方自治にとって市民とパートナーシップが本旨であるべきものが、かつて市と市民が共有の誇りにしていたものを、批判しあう関係にしてしまう裁判は、市民自治にとって、最も不幸な出来事といえます。」

最後に

最後に、「上原一人にさせない」、「私が（も）上原です」と立ち上がってくれた1万人基金運動は、司法の地方自治に対する無理解を超える、文字通り自治の運動の新しい歴史をつくる一頁となったと確信しています。

第2章　憲法、地方自治と国立景観裁判

自治の姿をみる

弁護士・国立景観求償裁判弁護団・くにたち上原景観基金１万人の会理事
窪田之喜

第１審上原勝訴。2014 年 9 月 25 日東京地裁判決直後の報告会

はじめに

私は、住民訴訟制度を談合や首長の恣意的財政運用などをチェックする制度と考えて、いくつかの住民訴訟の代理人となって活動をしてきました。それだけに、国立市が明和地所株式会社（以下、明和地所）に支払った損害賠償金について、「上原公子元市長に対して求償せよ」との住民訴訟（賠償請求義務付け裁判）が確定して、国立市から求償訴訟（国立景観求償裁判）が提起されたとの新聞報道を見てびっくりしました。

元国立市長上原公子さん（以下、上原さん）を擁護する立場に立つことは、一見すると住民訴訟という民主的制度の行使に反対するように見えますので、躊躇する弁護士もいたかもしれません。しかし私たち40人の弁護団は、4人の市民が起こした賠償請求義務付け裁判は、住民訴訟という住民自治の制度を使った住民自治への攻撃であると考えて、上原さんの代理人に手をあげたのです。

1　景観破壊とたたかった「オール国立」の住民自治、四つの裁判

事の発端

1999年4月、国立の景観政策を進めることを主たる政策に掲げた上原市長が誕生しました。そ

の直後の7月、大学通りの景観を壊す明和マンション建設計画が浮上したのです。国立市民は、初当選したばかりの上原市長とともに、大学通りの景観を守るために明和地所に対してマンション建設計画の変更を求めて運動を開始しました。9月の国立市議会には、明和地所に対する計画変更を求める5万人の請願署名が出され、計画変更を求める超党派の議会決議がなされました。この議会では、上原市長の野党である保守派の古手の議員まで「政治生命をかけて頑張れ」と上原市長に覚悟を迫ったほどでした。圧倒的多数の民意が党派を超えて市議会を動かしたもので、まさに市民自治による景観保護の大運動の始まりでした。

明和地所は、国立市景観条例による「話し合いによるまちづくり」を拒否し、強制力ある法的措置でない限り受けつけないという頑な対応でした。その頑迷さが、地権者市民による地区計画づくりの提案運動を生み出し、これを受け止めて積極的に行動した上原市長による都市計画審議会の開催、高さ制限地区計画の制定（2000年1月24日）となりました。さらにその地区計画に法的拘束力を与えるための条例化を求める7万人の請願署名運動が起こり、2000年1月31日、上原市長により召集された臨時市議会で20mの高さ制限地区計画条例が議決され、翌日2月1日、公布されました。

しかし、明和地所は、それより一歩早い1月5日、建築確認を受け、その日のうちに根切り工事を着工しました。

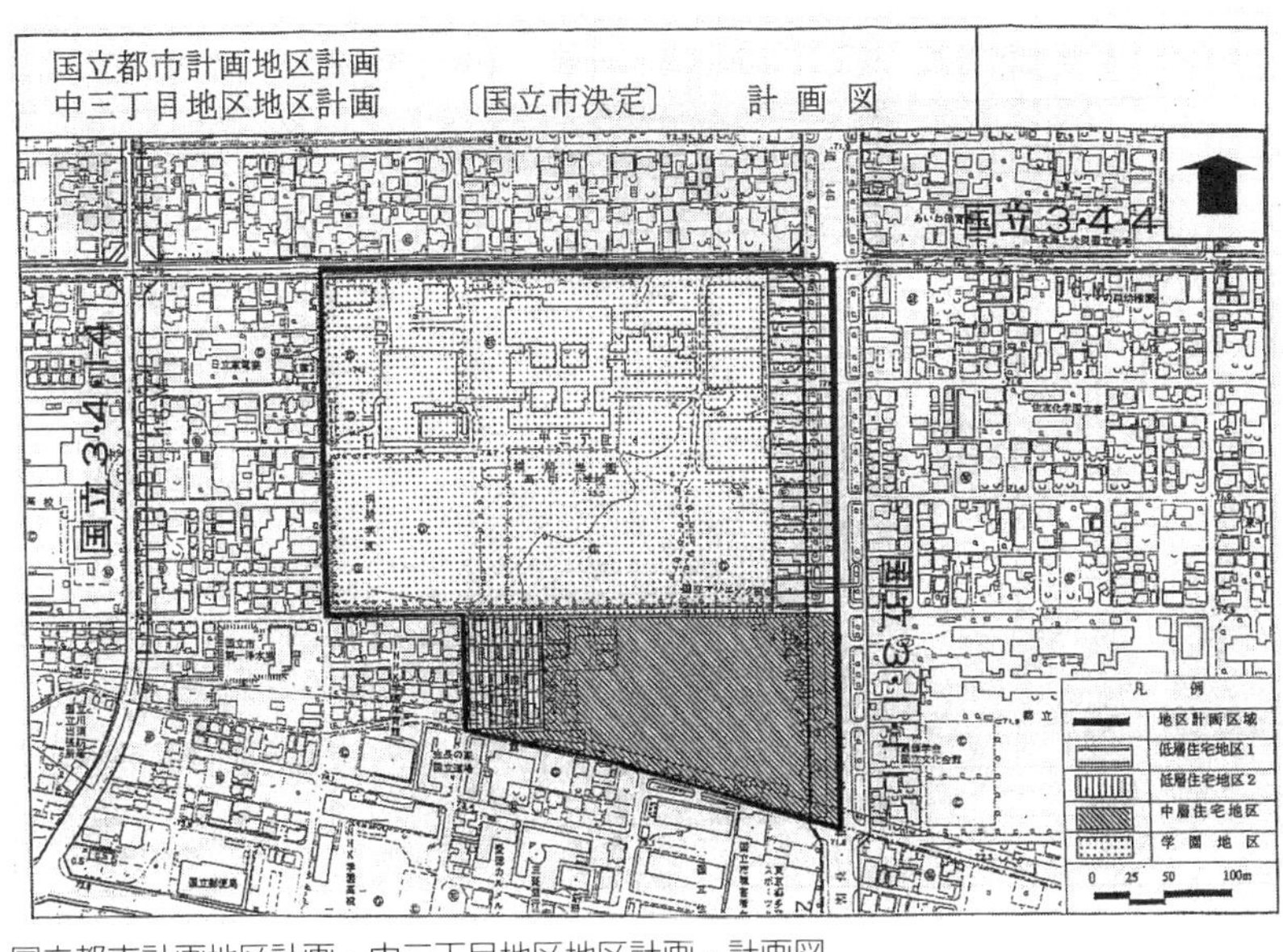

国立都市計画地区計画・中三丁目地区地区計画・計画図

地区計画条例をめぐる法的論点

そこから、一つの法的論点が生まれました。高さ制限地区計画条例は、すでに根切り工事に着手されていた明和マンションに適用されるか否かという問題です。適用されるとすれば、明和マンションは20m以上に建てることはできません。法的には建築基準法第3条2項（適用除外条項）の「条例の施行の際、現に建築工事中の建築物」があったと言えるのか否か、ということになります。根切り工事がはじまっただけでは、まだ、「建築工事中の建築物」があるとは言えないと考えるならば、条例の適用があり、明和マンションは20m以上の高さには建築できないことになります。

住民による三つの裁判

条例が適用されるという観点で、住民から三つの裁判が提起されました。

① 建築禁止の仮処分

② 違法建築をやめさせるように行政（東京都）に対して指導を求める裁判

③ 20m以上の建物を違法として明和地所に建築禁止・撤去を求める裁判

①では、仮処分での根切り工事差し止めはできなかったのですが、高裁の決定理由の中で、「根切り工事」段階では「現に建築工事中の建築物」があるとは言えないから条例が適用され、明和マンションの20m以上の建物計画は違法になると判断されました（東京高決平成12［2000］年12月22日［江見決定］）。

②では、一審で違法建築との判断で行政に撤去の指導を命じる判決が出ました（東京地判平成13［2001］年12月4日［市村判決］）が、高裁で違法建築ではないとの判断が出され、上告が棄却されて裁判は確定しました。

③では、一審で20m以上の建物部分は違法として撤去を命じる判決が出された（東京地判平成14［2002］年12月18日［宮岡判決］。この判決は、②の裁判の考え方をふまえて、「現に建築工事中の建築物」があったとされ地区計画条例上の違法建物ではないとされたのですが、近隣住民の景観利益を侵害する違法建物という新しい判断がされました）が、高裁で覆されて請求棄却。最高裁は上告を棄却したのですが、一般論として「良好な景観に近接する地域内の居住者に」「良好な景観の恵沢を享受する利益（景観利益）」をはじめて認めました。

明和地所による裁判

この住民側の起こした裁判とは別に、④明和地所が国立市を相手に「条例の無効確認と損害賠償を請求する」という裁判（明和裁判）を起こしました。

条例が公布された時（２０００年2月1日）、すでに「現に建築工事中の建築物」があったと認定されれば20ｍ以上の建物も認められますが（結局、裁判所の判断はその結論になったのですが）、次に建て替えするときは、条例が適用されるので20ｍ以上の建物を建てることはできません。そういう建物を「既存不適格建物」と言います。

そこで、明和地所は自分の建築するマンションは適法であると主張するとともに、既存不適格建物となることをも否定するために、国立市に対して、地区計画条例は無効であることの確認を求める裁判を起こすとともに、条例が有効だとしても既存不適格建物とされて4億円の損害を被ったから賠償せよという裁判を起こしました。

一審判決では、条例は有効だが、狙い撃ち的条例であり、4億円の損害賠償をせよとの判決がでました。しかし、控訴審では条例が有効とされただけでなく、損害賠償額は、4億円が大幅に削られて２５００万円のみ認められるという裁判となりました（東京高判平成17［２００５］年12月19日［根本判決］）。

国立市は、２００８年3月27日、明和地所に対して損害賠償金２５００万円と２００３年４月１日からの年５％の遅延損害金の合計３１２３万９７２６円を支払い、明和地所はこれを同額国立市に寄付して一件落着したのでした。

たたかいの先進的価値

全体としてみれば、国立の住民自治の運動がおおきく盛りあがり、地権者の提案ではじまった建物高さ制限地区計画によるまちづくりは、住民自治によるまちづくりの大きな前進でした。それは提案型のまちづくりの先進事例として国政にも各地の住民自治の営みにも大きな影響を生むことになりました。

地上空間の高度利用を重要な財産権とする考え方が強いなかで（今、東京都心部・湾岸部では容積率２５００％といった高度利用が進んでいるようです）、自らの土地利用権を制限してまで積極的に景観を守ることに価値を見出し、その制限を強制力ある条例にまで高めたという成果は、特筆するべきものでした。

2　住民自治の悪用に立ち向かう

逆用された住民訴訟

４人の市民が住民訴訟を起こしました。明和地所の国立市に対する寄付は国立市の損害の補塡ではない、損害は当時の市長上原の不法行為責任であり、国立市は上原に請求（求償権行使）せよという裁判です。民主的な制度と考えられてきた住民訴訟制度が、国立の市民自治を攻撃する道具とされたのです。

第一審判決がこれを認めてしまい、国立市は控訴しましたが、控訴審中に市長に就任した前佐藤市長が控訴を取り下げてしまいました。それで「国立市は、元市長上原に請求せよ」という義務付けが確定してしまったのです。

上原さんに対する求償裁判

上原さんに対する求償裁判（国立景観求償裁判）は、この裁判所による義務付け判決に基づいて、国立市が元市長上原さんに対して「3123万余円と2008年3月28日から支払いが完了するまでの年5％の損害金」を支払えと命じるように求めた裁判です。

国家賠償法により第三者に対する国や自治体の責任が認められた場合、その行動をした公務員個人に重大な過失や故意があると認められる場合には、国や自治体がその個人に責任を追求できるとされているのです。これを求償権と言います。

しかし、オール国立の住民自治の力で、大学通りの景観を守れと私企業の営利追及とたたかったのです。自治体も市民も景観保護のために必要で許された行為と考えて行動してきました。今回は、国立市に2500万円の損害賠償が命じられました（私たち弁護団は、次の章で検討しますが、誤った裁判と考えています）。国立住民自治の負担が国立市という自治体の負担として発生したわけです。これを「市長上原の個人責任」と言えるためには、上原さんが私的に利益追及したとか、上原さんが国立市に損害を与える意図でやったとか、「オール国立」の住民自治では説明できない、個人責任を追及して当然と思われる事実がなければならないのです。

3　住民自治の歴史を引きついだ「オール国立」のたたかい

大学通りの景観をつくった住民自治の歴史

4億円の請求を2500万円に削って認めた先の根本判決は、国立市と明和地所という企業の利害を調整した「和解」的判決だったともいえます。しかし、これを市長の個人責任として求償するとなると、ことがらの性質は一変してしまいます。市民、市議会、市長が一体となって（つまりオール国立として）、住民自治の担い手として、大学通りの景観保護のために力を尽くしてきたはずだったのですから。

このことは、一朝一夕に可能だったのではありません。その歴史はすでに第1章で述べられています。私は、加えて、1973年の一橋大学以南の大学通りの両側20ｍの地域（明和マンション北側に隣接する）を第一種住居専用地域に指定した運動と今回の地区計画条例運動の共通性に注目したいと思います。

その前年の72年に東京都はこの地域を建物の高さ制限等を緩和する第二種住居専用地域に予定し、国立市長も議会の了承を得てこれを認める意見を東京都に提出していたのでした。しかし、景観破壊を危惧した周辺住民が建物の高さを10ｍ以下とする第一種住居専用地域に指定するように運動して、東京都にこれを認めさせたのです。「自らの土地利用の権利を制限」して大学通りの景観を守るという輝かしい運動の先例となっています。

地区計画条例づくり、住民自治の発展と上原市長の果たした役割

明和地所は開発指導要綱も景観形成条例も強制力をもたないものとして、国立市の指導も話し合いも拒否しました。

そこで明和マンション建設予定地周辺の地権者たちは、専門家の協力を得て極めて短期間で建物の高さを制限する地区計画案をつくり、対象地域の82％の地権者の同意を得て、地区計画を提案したのです。明和マンションと学校敷地については建物の高さを20ｍ、一般住宅地は10ｍとする案です。大学通りの景観を守るために地区計画の有効性はわかっていても、多くの地権者の賛同がなければできるものではありません。そこに地権者の82％もの市民が地区計画案を提案してきたのです。上原市長は住民自治によるまちづくりの提案に感激し、深い敬意をもってこれを受け止めました。直ちに必要な手続をとって地区計画をつくり、臨時市議会を招集して地区計画条例の議決を得て直ちにこれを公布したのでした。

地権者の行動には、文教地区指定運動、一種住専運動をはじめとした戦後のまちづくり運動の経験

があり、身を切っても大学通りの景観を守るという価値観の共有があったのだと思います。後に触れる国立景観求償裁判の高裁判決は上原市長が「住民運動を利用した」と言ったのですが、住民運動の核心は、この地区計画提案運動に示されているのであり、それは市長による住民運動の利用など、小手先の手段で実現できるものではないのです。

しかも、それは、地権者だけの決意ではなく、圧倒的多数の市民が支持する国立市民のまちづくりの民意でした。その意思は、条例化を求める請願署名が短期間で7万人を超えるという結果に表現されました。

この地権者・市民による提案を受け止め、直ちに必要な手立てをつくして地区計画・地区計画条例を実現した上原市長の見識と行動力は、まさに市民とともにまちづくりを進める、「このまちにこの市長あり」という見事なものでした。

地権者・住民・市長・議会がまさに「オール国立」の自治力を発揮したのです。

4　憲法と地方自治のあり方――住民自治のよりどころ

この事件をもう少し基本のところで考えてみます。

ここで問われているのは、民間事業者のマンション開発という財産権の保障（憲法29条1項）・営業の自由（憲法22条1項）と、景観利益・景観権の確保という価値の衝突、調整であり、そこでの住民自治と自治体首長の行為に対する適法性の判断でした。

景観利益・景観権は、「生命、自由及び幸福追求に対する国民の権利」（憲法13条）や「健康で文化的な最低限度の生活を営む権利」（憲法25条）に基づく人間らしい生活に不可欠な権利として認められてきました。

財産権や営業の自由を制約する「公共の福祉」という考え方は、福祉国家理念に基づき人々に人間らしい生活を保障するための権利の制限と考えられています。

最高裁判所も、平成18（２００６）年3月30日、本件マンションの20ｍを超える部分の建築差止訴訟で景観利益を「客観的価値」あるものとして認めました。それは、「景観利益がまさに憲法22条1項や29条2項にいう『公共の福祉』の一内容をなすことを最高裁も認めたことを意味するといってもよい」のです。

本件において、この二つの利益の調整は、大学通りの景観を重要な市民の財産と考える国立市民・国立市と開発の主体である明和地所という当事者間で、国立市という自治体を舞台になされたのです。

この舞台で上原市長が守るべき規範は、大きくは、憲法13条、25条に基づく景観権（景観利益）の確保、憲法92条「地方自治の本旨」・住民自治ということであり、都市計画法や建築基準法という法律ですが、これに加えて、国立市の開発指導要綱、景観条例、そして新たに制定された地区計画条例が含まれます。この住民自治の規範には、第三者に対する強制力をもつ規範に限らず、合意によるまちづくりを進める要綱や条例も含まれるのです。

今回の国立景観求償裁判は、国立市による元市長上原さんに対する損害賠償請求訴訟ですから、上原さんが守るべきであった要綱や条例も、当然のことですが、上原さんの行動の違法性を判断する規範になるのです。

5　住民自治を正面から受け止めた一審判決

国立景観求償裁判の一審判決は、上原さんの行動が「景観保持という政治理念に基づく行為」であり、それには「民意の裏付け」があったと認定し、議会の債権放棄議決を有効として、上原さん勝訴としました。

「被告上原は、……各行為を、明和地所という特定の企業の営業活動を狙い撃ち的に妨害しようとして行ったわけではなく、飽くまで、景観保持という自身が掲げる政治理念に基づいて行ったものと認めるのが相当であり、また、被告上原が、それによって、何らかの私的な利益を得たものと認めることはできない」として上原さんの「政治理念に基づく」行為を肯定しました。

そして、以下のとおり、上原さんの行為が「民意に基づくもの」と認定しました。

「大学通り地域の歴史的背景のほか、国立市における平成8年の旧指導要綱の制定、本件土地を含む地域を景観形成重点地区の候補地である大学通り地域に指定する旨の平成9年の基本計画の作成、同年の国立市都市計画審議会の答申、平成10年の景観条例の制定及び施行、平成11年9月の本件建物の建築計画を周辺の環境と調和を持った計画に変更するように明和地所に働きかけるように求める旨の陳情の国立市議会における採択、平成12年4月の国立市景観審議会の本件建物の高さを20ｍの高さで並ぶイチョウ並木と調和するように勧告することを求める旨の答申、被告上原の国立市長在任中に決定された本件地区計画並びに制定および公布された本件条例がその後に廃止され又は大幅に変更されたという事実も認められないことなどからすると、被告上原が掲げていた政治理念自体が、民意の裏付けを欠く不相当なものであったと認めることはできない」（判決「当裁判所の判断」から）。

住民自治による国立市でつくり上げられてきた市長の守るべき規範、市長の尊重すべき民意、に照らして上原さんの行動は適法であると判断しているのです。

同判決は、本件地区計画の決定とその条例化について、特に、追加して次のように述べています。

「本件地区計画の決定並びに本件条例の制定及び施行自体についての被告上原の行為を違法行為と認めることは困難である。」

6　住民自治の理解を拒否した二審政治判決

国立景観求償裁判の二審判決は、逆転して上原さんに請求せよとなりました。その理由づけは、上原さんが「住民運動を利用し」「議会や報道を予測した場所でマンションが違法であるような印象を与える」違法行為をした、議会の債権放棄議決があったが1年半後の新市議会の債権行使決議により市長の請求が認められるという、全く乱暴なものでした。

高裁判決については次章で詳しく述べますが、住民自治の運動を上原さんによる「住民運動の利用」と描き出したことは、地方自治に対する無理解を自白するに等しいものでした。

高裁判決の特長は、①上原市長と住民の景観を守る運動を、市長による住民運動の悪用と決めつけて違法視し、②法的拘束力のある議会の債権放棄議決について、最高裁判例に基づく検討をあえて避けた上で、1年半後の市長派が多数を占めた新議会での債権行使を求める政治決議（法的拘束力がない）を先の債権放棄議決に優先させるという地方自治法解釈の誤りと最高裁判例の無視、でした。

7　最高裁判所の極めて政治的な判断回避

最高裁は、憲法と地方自治法及び最高裁判例に照らして高裁判決を幾重にも検討すべきでした。しかし、すべての論点について事実誤認または単なる法令違反にすぎないから最高裁の審理の対象ではないと判断を回避して、2016年12月13日、上告棄却・上告不受理の決定を出しました。

ちなみに、上原さんの上告を棄却した1週間後の、16年12月20日の沖縄辺野古の裁判では、最高裁は、仲井眞弘多前知事の埋立て承認は適法であった、故に、それを取り消した翁長雄志知事の埋立て承認取消は理由がなく違法という理屈で、翁長知事を敗訴としました。国立景観求償裁判でこの論理をとるならば、まず先行した債権放棄議決の適法性を最高裁判例に照らして検討すべきであり、検討

沖縄タイムス　2017年（平成29年）7月17日 月曜日

法改正 新基地闘い影響か

首長への賠償請求 上限

【東京】自治体の公金支出を巡る住民訴訟で敗訴した首長らに対し、損害賠償額の一部を免責できるよう地方自治法が6月に改正された。首長らの行為が「善意でかつ重大な過失がない」場合に限定し、裁判所が判断する。国が参考基準を示し、各自治体が条例で設定した賠償額の上限が適用され負担軽減を図る。菅義偉官房長官は3月、辺野古新基地建設に関する前知事の埋め立て承認の撤回に踏み切れば、翁長雄志知事に対し、損害賠償請求を行う可能性を示唆した。県と国との対立は長期化する可能性もある。改正地方自治法は2020年4月に施行される。

法改正は、支払い能力を超える巨額の賠償負担を抑える狙い。05年には、ゴルフ場予定地の買い取り額を巡って元市長に26億の賠償を、16年には高層マンションの建設阻止に動いた元市長に約3120万円の支払いを命じる判決が確定した。賠償請求訴訟は、不適切な政策決定を抑止する効果がある一方で、行政が萎縮することも指摘されていた。

また、議会が損害賠償請求権を放棄する議決をするときは、監査委員から意見を聞くよう義務付けを厳しくした。

議会がもたれ合いで首長らへの損害賠償請求権放棄を議決するケースも相次いだ。政治環境によって支払いが免除され、訴訟で違法性が判断されないケースを問題視。そのため、議決を行う場合には、監査委員の意見聴取を義務付けた。

辺野古新基地建設を巡って翁長知事が埋め立て承認を撤回すれば、工事が中断した期間の損害賠償額を請求することを国は検討している。国家賠償法に基づき、まず県に損害賠償を求め、続いて住民訴訟を経て翁長知事個人に損害賠償を求める仕組み。県の条例制定や訴訟の時期によるが、裁判所で過失が軽いと認められれば一部免除が適用される一方で、公約実現のためであっても重大な過失とされれば県議会が放棄の議決をするのは難しくなる。

公約実現 首長の役目

個人賠償判決確定 上原公子氏

東京の元国立市長

マンション建設を巡り国家賠償法に基づく求償権の行使で約3120万円の賠償を命じられ確定した東京の元国立市長、上原公子氏に公約実現と個人賠償の影響について聞いた。（聞き手＝東京報道部・上地一姫）

「公約を守るために首長は全力を尽くす。そのための費用は民主主義のコスト」と語る上原元国立市長＝東京都国立市

—訴訟の経緯は。

景観保護を公約に掲げて当選した。住民に要望され高度制限地区計画と条例をつくると、業者が市を相手に「地区計画と建築条例の無効確認」と4億円の損害賠償請求を提訴。関連訴訟含め裁判官によって景観に対する認識は違っていたが、最終的に市が負けた。約3120万円を払ったが業者が市に同額を寄付した。

すると住民が私個人に支払わせよと市を訴えた。公約は市民との約束で、個人ではなく公の行為。民主主義のコストなのに。2期8年で市長を退いた。当時の議会は与野党が拮抗していて私への求償権を放棄する議決をした。市長は再議の手続きをせず一審は市の請求を棄却。控訴後、市議選で構成が変わって、求償権行使を求める議決をした。高裁は、放棄議決に従わずに求償権を行使することは権限の乱用に該当する余地があると認めつつ、新しい民意に従うべきだとした。

—政治の力学によって可否が決まった。

市に事実上の損害は発生していないし、私腹を肥やしたわけでもない。判決には法的規制を及ぼす手続きだけをしていればよいとあった。①建設阻止に住民運動を利用②高裁決定を根拠に条例に反すると認識を示した市議会答弁は、違法建築物と印象を与えた③都へ給水の保留を認めるよう働きかけ、建築指導事務所長に検査済証の交付について抗議し報道された—三つが不法とされた。

「翁長つぶし」に利用恐れ

私は翁長雄志知事の前哨戦だ。翁長知事は集会に参加し、国へ要請や抗議をし報道される。裁判所から不法行為、やりすぎと言われかねない。行政手続きだけでなく、公約を守るためにあらゆることをするのが首長なのに。

—地方自治法が改正された。

条例で賠償額に上限が設けられる。軽微な過失で個人求償が必要かという点は審議が尽くされなかった。翁長知事への個人求償は全国から批判される。上限でごまかそうとしたのではないか。ここまで翁長つぶしをする理由を見極めないといけない。個人求償の前例ができると誰も政府と闘えなくなる。国に盾突く首長をつぶす象徴に使われる。

—どうやって賠償額は払ったのか。

賠償金は支援者が約3カ月で集めて市に弁済した。景観を守ろうとしたのは私たちだ、一人に払わせない、と。どれくらいの覚悟を持って闘ったかを市民は見ている。「これは私の問題、辺野古を止める翁長知事は私だ」。この仕組みは沖縄にもつなげられる。

沖縄タイムス、2017年7月17日付（沖縄タイムス社提供）

の結果、放棄議決の適法性が認定されるならば（適法性は明らかでした）、1年半後の行使決議の効力を論じる余地もなかったはずです。

沖縄辺野古の裁判とは正反対の手前勝手な理屈をとった高裁判決を、最高裁判所が黙認し判断回避したわけです。

矛盾する二つの最高裁の判断は、地方自治を軽視ないし無視している点で共通しています。それが、地方自治体首長を委縮させるおそれがあることは明らかであり、「あらゆる手段を講じて辺野古基地は造らせない」と県民とともにたたかっている翁長知事に対する恫喝ともいえる決定でもありました。

これを放置するわけにはいきません。

8　司法の誤りを超える自治の力を

国立市民は、この司法の回答に対し、上原さん個人の責任にしない、「私は上原公子です」と言いあって住民自治の運動としてけじめをつけようと決意し、全国に5000万円の基金運動をよびかけました（詳細は第4章）。その成功が判決の誤りを照らし出し、住民自治の火を大きく燃え広がらせることになります。

第3章　国立景観求償訴訟

問われたもの、裁けなかったもの

弁護士・国立景観求償訴訟弁護団
田中　隆

鼎談（2017年6月、一橋大学）　田中、上原元市長、井戸謙一元裁判官（左から）

国立景観求償訴訟の展開

【第一審・東京地裁】

11年12月21日	国立市・求償訴訟提起。訴状は川神判決・根本判決の敷き写し。
12年 3月 8日	裁判。答弁書。
4月20日	神戸市事件・大東市事件最高裁判決。
4月23日	さくら市事件最高裁判決。
5月17日	裁判。上原準備書面（1）。総論的な主張を展開。
7月25日	裁判。上原準備書面（2）（3）。各論的な主張を展開。
10月25日	裁判。国立市準備書面（1）。訴状を大幅に書き換え。
13年 1月17日	裁判。上原準備書面（4）（5）。研究者意見書。
3月28日	裁判。上原準備書面（6）。国立市準備書面（2）。
6月18日	裁判。証人・本人尋問。
9月19日	裁判。上原最終準備書面。国立市準備書面（3）。結審。
12月19日	国立市議会で求償債権放棄の議決。
14年 1月24日	上原・弁論再開の申立。裁判所・弁論再開を決定。
3月18日	裁判。上原準備書面。国立市準備書面（4）。債権放棄問題。
5月20日	裁判。上原準備書面。結審。
9月25日	判決言渡し。

【控訴審・東京高裁】

14年10月 9日	国立市・控訴申立。
11月28日	控訴理由書提出。
15年 1月19日	裁判。答弁書、上原準備書面（1）。裁判長・「二つの論点」。
5月14日	裁判。上原準備書面（2）（3）。放棄議決と市長の権限濫用。 国立市準備書面（1）（2）。
5月19日	国立市議会で求償権行使を求める決議。
7月16日	裁判。上原準備書面（4）。国立市準備書面（3）。
9月10日	裁判。上原準備書面（5）。国立市準備書面（4）。結審。
12月22日	判決言渡し。

【上告審・最高裁】

15年12月26日	上原・上告申立、上告受理申立。
16年 2月22日	上告理由書、上告受理申立理由書提出。 この間　最高裁要請行動。
9月27日	上原補充書（1）。最高裁要請行動。
11月15日	上原補充書（2）。最高裁要請行動。
12月13日	上告棄却決定、上告受理申立棄却決定。

注　年号は西暦の下２桁。
「裁判」は、裁判所の公開の法廷で口頭弁論が開かれたことを示す。

はじめに

本書ではこれまで、国立市や市民の景観保護のための取り組みとのかかわりや、明和マンションの景観破壊とたたかった市民の自治とのかかわりで、国立市が市長だった上原公子さんに提起した裁判（国立景観求償訴訟）の意味を考えてきました。

本章では、これらを踏まえて、訴訟そのものに焦点をあてます。

検討すべき課題は、

① この訴訟でなにが問いかけられたか、

② 訴訟での論戦や審理がどのように展開されたか、

③ 裁判所が問いかけにどう答えたか、あるいは答えなかったか

などです。

結論を先出し的に言うと、司法の「総本山」である最高裁は、問いかけられたものに答えることはできませんでした。最高裁がなぜ裁けなかったのかを、政治の動きとの関係で検討するのも、本章の課題のひとつです。

1　二つの前史

市長個人になぜ責任？

２０１１年12月21日、国立市は上原さんに対し、損害金３１２３万９７２６円と遅延損害金の支払いを求める訴訟を起こしました。国立市が明和地所株式会社（以下、明和地所）に損害金を支払ったのは、当時市長だった上原さんの重過失が原因だと言い立てて、市が支払った金額を上原さんに支払わせようとする訴訟（求償訴訟・国家賠償法第１条第２項）です。

上原さんは確かに、「大学通り」の景観を破壊する明和マンションの建設に、厳しい姿勢を貫きました。その結果、国立市が明和地所に損害金を支払うことになったのも事実です。

しかし、景観保護を公約として市長に当選した上原さんにとって、景観破壊に反対するのは民意にもとづく市長の責務でした。にもかかわらず、なぜ市長個人の責任が追及され、求償を求められるのでしょうか。

こんなことが一般化すれば、首長は個人責任の追及をおそれて、責務を果たすことに消極的になりかねません。

国立景観求償訴訟で問われたのは、首長が民意にもとづく政治を行った結果、地方自治体に負担が発生したとき、その負担を首長個人に転嫁していいのかという問題でした。

この問題には、前史というべき二つの判決の流れがありました。

まず、その前史から検討します。

根本判決と川神判決

ひとつの前史は、明和地所が国立市に条例改正の無効確認と損害賠償を請求した訴訟（明和訴訟）の判決の流れでした。

２００１年4月に提起された明和訴訟で、２００５年12月19日に言い渡された東京高裁判決（根本判決）は、国立市に２５００万円の損害賠償を命じました。この判決が最高裁で確定し、国立市は遅延損害金を含めた３１２３万９７２６円を明和地所に支払いました。

明和地所は受け取った損害金と同額を、その日のうちに国立市に寄付し、市の損害は実質的にはなくなりました。「これで終わった」とだれもが思ったでしょう。

ところが、２００９年5月、国立市の一部住民が、国立市に対し、国立市が支払った金額を上原さんに請求するよう求める訴訟（住民訴訟　地方自治法第２４２条の2第1項四）を起こしました。

国立市が明和地所に賠償したことと、賠償金の負担を上原さん個人に押しつけることは、まったく別の問題でした。

ところが、２０１０年12月22日に言い渡された東京地裁判決（川神判決）は、「市長の行為が賠償の原因だから市長だった者が個人責任を負うのは当然」とばかりに、国立市に対して上原さんに請求することを命じました。国立市は控訴しましたが、2011年に国立市長になった佐藤一夫氏が控訴を取り下げたため、川神判決が確定してしまいました。

これが求償訴訟に至る道筋でした。

これらの判決では、国立市の賠償責任や上原さんの個人責任が、いともたやすく認められてしまっています。

神戸市事件などの最高裁判決

首長の個人責任の問題にはもう一つの判決の流れがあり、こちらは必ずしも野放図に個人責任を認めるものではありませんでした。

その二つ目の前史が、首長の個人責任をめぐる最高裁判決です。

求償訴訟が起こされて4か月目の2012年4月、三つの最高裁判決が言い渡されました。神戸市事件（兵庫県・20日）、大東市事件（大阪府・20日）、さくら市事件（栃木県・23日）の三つでした。いずれの判決でも、最高裁は、首長の個人責任を認めた高裁の判決を破棄しました。

このうち神戸市事件の判決は、補助金によって外郭団体の人件費を支給したことが違法で市長の過失によるものとして、市長の個人責任を認めた高裁判決を破棄し、請求を棄却しました。補助金による支給が明文で禁止されておらず、違法とする扱いが確定していなかったこと、他の自治体でも行われていたことなどから、過失がないというのが棄却の理由でした。

また、地方議会による債権放棄の議決（放棄議決）が裁量権の逸脱または濫用にあたるかどうかの「判断枠組み」を示したうえ、補助金による支給の利益が住民に還元されていることなどから、神戸市議会の放棄議決は逸脱・濫用でなく有効としました。

神戸市事件だけでなく、浄水場のために割高な土地を買ってしまったというさくら市事件、非常勤職員に要綱にもとづいて退職慰労金を支給してしまったという大東市事件でも、最高裁は高裁判決を破棄し、高裁に審理のやり直しを命じました。その結果、「過失なし」（大東市事件）あるいは「放棄議決有効」（さくら市事件）で、いずれも個人責任は否定されています。

首長の私利私欲によらない自治体の負担

これら三事件の判決で、最高裁は、首長の私利私欲によるものではなく、住民の利益に沿う負担については、個人責任を負わせない方向で判断していました。最高裁は、放棄議決や首長の過失についての新たな「判例法」を生み出して、首長の個人責任に合理的な限定を加えようとしていたと考えられます。三事件の判決を出した最高裁第二小法廷で裁判長だった千葉勝美裁判官は、首長が個人責任を負担する場合を「私利私欲による場合」などに限定すべきという補足意見もつけていました。

神戸市事件などは、自治体が過大な支出あるいは手続違反の支出をしてしまった場合でしたが、合理的な限定が必要なことは、自治体が第三者に損害金を支払った場合でも変わりはありません。しかも、支払った損害金を自治体が公務員に求償できるのは、通常の過失より重い重過失がある場合に限定されていますから（国家賠償法第１条第２項）、いっそう厳しい要件が求められるはずです。最高裁が生み出そうとしていた神戸市事件などの基準を、明和マンションの問題に素直にあてはめれば、上原さんへの求償は認められないはずでした。

裁判所に問われていたもの

この二つの前史のもとで、裁判がはじまりました。

裁判所に問われていたのは、景観保護という民意を実現するための行為を違法とし、市長に個人責任を負わせようとする根本判決・川神判決の「論理」を認めるか、それとも個人責任に合理的限定を加えようとする最高裁判決を継承・発展させるかという問題でした。

その求償訴訟で以下の三つの判決・決定が出されました。

①　東京地裁判決　２０１４年９月25日　請求棄却。
②　東京高裁判決　２０１５年12月22日　東京地裁判決破棄、請求認容。
③　最高裁決定　　２０１６年12月13日　上告棄却、上告受理申立棄却。

三つの判決・決定は、きわめて特徴的でした。

それぞれの裁判と判決・決定を検討していきます。

2　第一審・東京地裁での審理と判決

「四つの行為」

国立市の訴状は、異様な「論理」で構成されていました。上原さんの「四つの行為」を取り上げて問題にし、「三つの基準」をあてはめて、「全体的に観察すれば違法」とするものです。この「四つの行為」や「三つの基準」「全体的観察」は、明和訴訟の根本判決、住民訴訟の川神判決の完全な敷き写しでした。

「四つの行為」とは、以下のものでした。

① 上原さんが国立市民との懇談の終了後の雑談で、明和マンションの建築計画を告げて、「行政では止められない」と述べたこと（1999年7月3日　第1行為）

② 国立市の明和マンションへの規制が、行政指導から地区計画と条例改正による法的規制に転換したこと（改正条例公布・施行　2000年2月1日　第2行為）

③ 国立市議会での議員の質問に対し、上原さんが、明和マンションを違法建築物とした東京高裁の決定（建築禁止仮処分事件の江見決定　1999年12月22日）を引用して、「違法と考える」と答弁したこと（2001年3月6日、同年3月29日　第3行為）

④ 上原さんが、明和マンションについて権限をもつ東京都に慎重な取り扱いを要請し（2000

年12月27日、2001年7月10日）、検査済証を交付したことに抗議したこと（2001年12月20日　要請とあわせて第4行為）

景観破壊のマンション計画を市民に告げることは市長の責務であり、行政指導に従わない開発業者に法的規制を加えるのも市長の責務です。建築強行に反対している市長が、違法建築物と認定した高裁決定を引用して答弁するのは当然で、権限を持っている東京都に要請や抗議を行うのもあまりにも当然です。

市民との懇談、開発規制、議会答弁や関係行政庁への要請などはどこの首長でもやっていることで、これらが違法とされるなら、「なにもしない首長」しか出てこないでしょう。

「三つの基準」で「全体的に観察すると違法」

このそれぞれの行為がなぜ違法とされるのか、訴状や根本判決・川神判決をいくら読んでもわかりません。訴状や判決は、それぞれの行為が違法になる理由を具体的に明らかにしないまま、「三つの基準」に照らして「全体的に観察すれば違法」というだけだったからです。

「四つの行為」とは、1999年7月から2001年12月までの2年半にわたって行われた、意味や性格がまったく違った行為でした。訴状や判決は、時期も性格も隔絶したこれらの行為を、「全体的な観察」のひとことで強引に結びつけてしまったのです。

それぞれの行為がなぜ違法か明らかにしないまま、さまざまな行為を強引に結びつけて「三つの基準」に反しているから違法とする「論理」では、「三つの基準」が決定的に重要な意味をもつはずです。

その「三つの基準」とは以下の三つでした。

① 首長に要請される中立性、公平性を逸脱している。

② 異例かつ執拗な目的遂行行為にあたる。

③ 急激かつ強引な政策変更にあたる。

ところが、この「三つの基準」は、憲法にも地方自治法にも根拠がなく、裁判所が勝手に創作したものでした。

そもそも、民意を受けて地方政治を行う政治家である首長に「中立」を要求すれば、託された民意を実現することなどできません。こんな「基準」が押しつけられれば、原発建設差し止めを求めて訴訟を提起している函館市長や、辺野古新基地建設に反対して訴訟を提起している沖縄県知事は、それだけで「違法首長」とされる理屈です。

また、一貫して政策を遂行すれば「執拗な目的遂行」とされ、政策を変えれば「強引な政策変更」とされるようでは、首長は進退窮まることになるでしょう。

こんな論法で上原さんの行為を違法とした根本判決や川神判決の「論理」は、「裁判所が違法と考えるから違法だ」と言っているのと変わりません。

この「論理」をそのまま振りかざして提起されたのが求償訴訟でした。

国立市は、「国立市が違法と考えるから違法だ」と言うに等しい「論理」で、上原さんに責任を押しつけようとしたのです。

法廷でのたたかい

3年近くにわたった東京地裁での裁判では、上原さんと弁護団が、根本判決・川神判決やそれらを敷き移した国立市の主張が誤っていることを、全面的に論証しました。

① 明和マンションをめぐる事実経過を明らかにして、「四つの行為」が正当な行為であることを明らかにする。

② 神戸市事件など三事件の最高裁判決などを踏まえて、民意にもとづく政策のための負担が「民主主義のコスト」であることを解明する。

③ 「中立性・公平性」などの「三つの基準」が、憲法や地方自治法に根拠があるものではなく、地方政治の実際ともかけ離れたものであることをはっきりさせる。

④ 明和マンション問題にかかわった市民3名の証言と上原さんの供述によって、市民の自主的な運動と市政のかかわりを浮き彫りにする。

論戦・論証の手応えは十分でした。

国立市のみならず全国各地から駆けつけた傍聴者の熱気とあいまって、法廷では上原さん側が圧倒していました。

国立市議会でも審議・検討が行われ、2013年12月19日、上原さんに対する求償権を放棄するという議決がされました。地方自治法第96条にもとづく債権放棄の議決で、国立市の意思はこれで確定しました。

にもかかわらず、佐藤市長（当時）は、地方自治法で認められた再議権を行使しないまま、上原さんへの請求を続けました。

請求棄却の判決

このような裁判を経て、２０１４年9月25日に言い渡された東京地裁判決は、請求棄却で上原さんの勝訴でした。

この判決は、事実を正確かつ丁寧に認定したうえで、「四つの行為」が民意の裏づけのある政治的理念にもとづくもので、違法性の高いものではなかったとしました。また、根本判決などの「三つの基準」はまったく採用しませんでした。

そのうえで、放棄議決は国立市議会の裁量権逸脱ではなく、市議会に再議を求めもしないで市長が請求を続けるのは信義則違反として、請求棄却を導きました。

この判決が、住民自治を深く受け止めたものであったことは、前の章で詳しく明らかにしました。首長の個人責任をめぐる前史との関係では、「住民の利益に沿うかどうか」などをメルクマールに、首長の個人責任に合理的な限定を加えようとした神戸市事件などの最高裁判決を、発展させた判決と評価できます。直接は判断していませんが、おそらく裁判官は、上原さんの行為に違法性がないか、少なくとも重過失はないと考えていたと思われます。

また、この判決は、議会の放棄議決に現職首長が従わなかった場合の問題解決にも踏み込んだ、貴重な意味をもったものでもありました。

3　控訴審・東京高裁での審理と判決

審理は放棄議決をめぐる問題だけ

国立市が控訴し、東京高裁の裁判がはじまりました。

裁判の冒頭、裁判長は、「本件には、市議会の裁量権逸脱と市長の信義則違反という二つの論点がある」と述べ、この論点に沿った主張を求めました。これを受けて、弁護団は、最高裁が提起した放棄議決の「判断枠組み」や、放棄議決と首長の責務についての検討や主張に力を注ぎました。その後、裁判長は判決を言い渡した小林昭彦裁判官に変わりましたが、小林裁判長が「四つの行為」などの事実の問題についての審理を進めようとしたことはありませんでした。

市議会議員選挙によって議会の構成が変わり、２０１5年5月19日には国立市議会で「市長に求償権の行使を求める」との決議（行使決議）がされました。そのため、「放棄議決と行使決議の関係」という新たな論点が提起されました。

それでも、審理の焦点は最後まで放棄議決をめぐる問題で、上原さんの行為について国立市が新しい主張や証拠を提出したことはありません。

「不意打ち」の逆転判決

2015年12月22日に言い渡された判決（小林判決）は、行使決議によって市長の信義則違反がなくなったとして、東京地裁判決を破棄しました。それだけでなく、上原さんの行為が違法で重過失があると認定し、3123万9726円と遅延損害金の支払を命じました。

小林判決は、訴訟指揮によって放棄議決の問題に焦点を絞り込み、事実をめぐる問題をなにひとつ審理しないままで、小林判決によって、3年近くにわたって審理を重ねた東京地裁判決の認定を覆しました。上原さんや弁護団からすれば「不意打ちを受けた」に等しく、裁判のあり方として大きな問題をはらんでいました。

また、地方自治法第96条による債権放棄議決の効力が、その後の行使決議で失われるとしたことも重大な問題でした。これでは、いつまでたっても放棄するかどうか確定しないことになります。

住民運動と報道を利用したから違法!?

最大の問題は、上原さんの行為のとらえ方にありました。

小林判決は、「地区計画・条例改正による法的規制には合理性がある」として、これまで「強引な政策変更」とされて「四つの行為」のなかで中心的な位置を占めていた法的規制への転換（第2行為）

の違法性を否定しました。また、根本判決以来の「三つの基準」や「全体的な観察」にはまったく触れませんでした。

次に、「住民集会や議会での発言等、事実上の圧力となるような手段を用いた点において、社会的相当性を逸脱」しているとして、残った「三つの行為」は違法としました。

小林判決は、「四つの行為」「三つの基準」「全体的な観察」を解体し、別個独立の「三つの行為」に再編してしまったのです。

その結果、小林判決は、「三つの行為」を、独立した「違法行為」として、なぜ違法かを説明しなければならなくなりました。

その説明は、

① 市民への発言（第1行為）は、住民運動を利用して営業を妨害したから違法、

② 市議会での答弁（第3行為）や都庁への要請・抗議（第4行為）は、報道されて「買い控え」を起こさせたから営業妨害で違法、というものでした。

明和マンションの建築や販売に直接影響する行政指導・法的規制（第2行為）と違って、市民への発言（第1行為）や議会答弁（第3行為）、要請・抗議（第4行為）は、それ自体ではいかなる結果も発生させません。だから、これらそれぞれを明和地所の「損害」に結びつけるためには、「住民運動」や「報道」という「媒体」を登場させざるを得なかったのです。

マンション建築に反対することは言論表現の自由の行使であり、メディアの報道も報道の自由にもと

国立市景観訴訟求償第２段訴訟高裁判決を受けて
―住民自治・司法の危機―

2015年12月22日
被控訴人　上　原　公　子
弁　護　団　一　同
（連絡先：弁護士窪田之喜 070-6454-9836）

本日、東京高等裁判所第19民事部は、国立市が上原公子元市長に対して3000万円余の損害賠償を請求した訴訟につき、東京地方裁判所判決を破棄し、国立市の請求を認める判決を言い渡した。

控訴審においては、2013年12月19日における放棄議決が違法であるか否か、放棄議決があるにもかかわらず市長が求償権の放棄をしないことが首長の権限濫用になるか否かが問題であった。この点について、本判決は、2015年5月19日、国立市議会が上原公子元市長に対して「求償権を行使せよ」との決議を行なったことを取り上げて、理由も付さずに権限濫用を否定した。

そのうえで、本判決は、上原元市長が、景観保護のために行なった行為を、営業妨害のための行為とし、条例制定以外は、「住民集会や議会での発言等、事実上の圧力となるような手段を用いた」として、社会的相当性を逸脱した違法行為と断定した。地方自治・住民自治を全く理解しない認定であり、このような認定が横行すれば、地方自治・住民自治を萎縮させ、発展を阻害することになる。

原判決は、3人の証言及び上原本人尋問によって、市民が主体となって、景観保護に向けて地区計画の策定、地区計画の条例化に至った姿を認定し、上原元市長の行為を民意に基づく行為であるとしていた。控訴審では、この点については、何ら論争が行なわれず、全く事実の審理が行なわれなかったにもかかわらず、独断と偏見に基づいて正反対の判断が行なわれた。当事者の論争に基づいて判断する弁論主義に背反し、高等裁判所の専断を認めるものであって、手続上も、重大な誤りである。

本事件は、住民自治のあるべき姿が根本的に問われている事件であり、このままでは、今後の地方自治をますます萎縮させることになりかねない。

かかる判決を許すことはできない。

上原元市長と弁護団は、ただちに、上告する予定である。

以上

づいてメディアの責任で行われるものです。小林判決は、自主的に展開される住民運動の結果や、メディアの責任で行われる報道の結果に、市長に個人責任を負わせると言っていることになります。

小林判決が、言論表現の自由や報道の自由にかかわる重大な問題をはらんでいることは、明らかです。

事実のねつ造と歪曲

事実の認定・評価もひどいものでした。

判決が「報道されて買い控えが起こった」とした市議会での答弁（第3行為）は、実際には報道されていませんでした。判決は、「買い控え」という結果を導くために、存在しなかった報道をねつ造したのです。

また、「東京都が明和マンションを認めて検査済証を交付。国立市長が抗議」と報道されると（第4行為）、都民の「買い控え」が起きるとする判決は、「東京都は全く信用されていない」と言っているに等しいことになります。怒るべきは東京都知事でしょう。

さらに、市民への発言（第1行為）で上原さんが利用したという住民運動が、どのように展開したか、明和地所の営業妨害にあたる行為を行ったことがあるか、その営業妨害を上原さんが煽ったことがあるかなどを、判決はなにひとつ認定していません。これでは、上原さんに責任を負わせる前提になるはずの、営業妨害という「結果」や上原さんの発言との「因果関係」は、すべて判決が創作したことになります。

まさしく「結論先にありき」の判決で、事実のねつ造と歪曲を重ねたまことにおそまつな判決でした。

4　上告審・最高裁の判断回避

首長・元首長らの意見を遮断

２０１５年12月26日、上原さんと弁護団は、憲法違反などを主張して上告し、あわせて重大な法令違反などを理由に上告受理の申立てを行いました。

この申立てで、舞台は最高裁に移りました。最高裁にとっては、神戸市事件など三事件の判決で示した首長の個人責任に合理的限定を加える「判例法」を、どう適用するかが問われる事件でした。

最高裁では口頭弁論は開かれないため、弁護団は市民とともに要請行動を続け、東京高裁判決の誤りを指摘した理由書や補充書を提出し続けました。

自治体や首長の実情に合致した検討と判断を求めるべく、上原さんや弁護団は多くの首長や元首長に問題を投げかけ、首長・元首長の意見書を作成していただきました。また、学者・研究者からも論稿や意見書を寄せていただきました。

上原さんと弁護団は、２０１６年12月21日に要請行動を行い、

意見書を寄せていただいた首長・元首長（北から順に配列）

◎　**笹口孝明巻町元町長**

巻町は新潟県西蒲原郡に属していた町。1996年に原子力発電所建設の是非を問う住民投票を実施。2005年に新潟市に編入。笹口氏は96年04年まで町長。

◎　**村上達也東海村元村長**

東海村は茨城県北部の村。原子力関連施設が集積。村上氏は1997年から2013年まで村長。

◎　**宮島光昭かすみがうら市元市長**

かすみがうら市は茨城県南部の市。宮嶋氏は2010年から14年まで市長。

◎　**邑上守正武蔵野市長**

武蔵野市は東京都の多摩地域東部にある市。邑上氏は2005年から市長。17年10月の市長選に立候補せず。意見書を寄せていただいたときは現職市長。

◎　**保坂展人世田谷区長**

世田谷区は東京23区の南西部に位置する特別区。人口は特別区で最大。保坂氏は2011年から区長。

◎　**曽我逸郎中川村村長**

中川村は長野県上伊那郡の南部に位置する村。曽我氏は2005年から村長。

◎　**三上元湖西市長**

湖西市は静岡県の最も西に位置する市。三上氏は2004年から市長。16年11月の市長選に立候補せず。意見書を寄せていただいたときは現職市長。

◎　**井原勝介岩国市元市長**

岩国市は山口県の最東部に位置する市。在日米軍と自衛隊の基地が存在。井原氏は2003年08年まで市長。

① 保坂展人世田谷区長ら8名の首長・元首長の意見書を踏まえた補充書
② 安藤高行九州大名誉教授の論稿（「国立市事件控訴審判決について」自治研究・92巻12号所収）と長内祐樹金沢大学准教授の意見書を踏まえた補充書
③ 上原さん本人の補充書

の提出を予定していました。その矢先に出されたのが、２０１６年12月13日の上告棄却・上告受理申立棄却の決定でした。

意見書を付した補充書を提出することは、提出日を含めて最高裁に通告済みでした。最高裁は、首長・元首長や学者・研究者の意見を聞くことをあえて拒絶したのです。

最高裁決定の意味するもの

「問題にしているのが事実誤認・法令違反で憲法違反などの上告理由にあたらない」「上告受理の申立てを受理すべきものとは認められない」というのが、棄却決定の理由でした。「なぜあたらないか」「なぜ認められないか」についての説明は、まったくありません。

念のために確認しておきますが、最高裁が出したのは決定であって判決ではなく、その決定で最高裁が決めたのは「判断しない」ということだけでした。

最高裁は、「首長は市民運動の結果に責任を負う」、「首長は報道の影響に責任を負う」といった小林判決を積極的に認めたわけではなく、そんな最高裁判例はどこにもありません。

いくら最高裁でもそんな判決を出すことはできなかった。

だから、首長や市民は断じて萎縮してはならない。

このことははっきりさせておきたいと思います。

しかし、その最高裁は、言論表現の自由や報道の自由にかかわる重大な問題に目をつぶり、ただすべき誤判をたださなかった。上原さんが巨額の支払を押しつけられたのはその結果です。

「上原さんひとりの問題ではない」「わたしも上原」として、巨額の損害金の支払を広範な市民の拠出で解決した市民の運動は、最高裁決定をはねかえし、乗り越えたものでした。

ではなぜ、いちどは首長の個人責任に合理的な限定を加えようとした最高裁は、誤判をただしてみずからが生み出した「判例法」を発展させようとしなかったのか。

最高裁決定の最大の問題点はここにあります。

5　五年のときを経て

「判例法」と判断回避

2012年4月、神戸市事件など三事件で、最高裁は首長の責任を認めた控訴審判決をすべて破棄しました。この三事件での破棄の理由は、憲法違反だからではありませんでした。あのとき最高裁は、申立てを積極的に受理し、事実の誤認や法令解釈の誤りを理由に高裁判決をバッサリ叩き切り、首長の個人責任に合理的限定を加える「判例法」を生み出そうとしました。

２０１６年12月、その最高裁は、まったく同じ問題が問われていたこの事件で、自らが生み出した「判例法」の適用や発展を考えようとせず、いっさいの判断を回避して三事件の高裁判決よりはるかにおそまつな小林判決を残してしまいました。

回避といえば聞こえがいいが、明らかに逃避でした。

なにも裁くことはできない……

なぜこんなことが起こったのか。

その背景に、２０１２年から２０１６年への「ときの展開」があることは、容易に理解できます。

神戸市事件などの三事件は、政権交代によって民主党政権が生み出されるなかで展開され、最高裁判決も民主党政権の時代でした。額面通り受け取れるかどうかの問題はありますが、政権の側から「自治と分権」や「地域主権」が叫ばれた時代でもありました。

三事件とは、そうした情勢のもとで、保守系の首長の政策実行による自治体の負担が問題になった案件でした。首長の個人責任に合理的限定を加えて保守系首長を救済することは、民主党政権の路線と矛盾しませんでした。

あれから5年、永田町では安倍晋三政権が権勢を極め、秘密保護法や安保法制（戦争法）の強行による「戦争に出ていく国」への道、盗聴拡大や共謀罪による強権国家への道を進み続けました。

国立景観求償訴訟は、こうした情勢のもとで、市民的な自治が問われた案件でした。市民的な自治の発展は、平和と人権を圧殺しようとする「永田町政治」と真っ向から対峙する本質をもっていました。

あのとき、個人責任に合理的限定を加える「判例法」を生み出そうとした最高裁は、5年のときを経て、行政権力に追随して自治の圧殺に加担する道を選びました。

上原を勝たせて市民の自治や市民運動を勢いづかせるわけにはいかない。かといって「判例法」を否定したり変更したりすることもできない。

だから、なにも裁くことはできない……。

その結果が、判断回避の決定でした。

最高裁は、果たすべき役割を自ら放棄したと言うほかはありません。

司法と政治を結んで

自治圧殺は国立の問題だけではありません。

求償訴訟判決の5日前の2016年12月8日、最高裁は厚木基地騒音の差止めを命じた東京高裁判決を破棄して、米軍基地の被害をなくそうとする市民の要求を退けました。求償訴訟判決の7日後の12月20日、沖縄辺野古訴訟で沖縄県の上告を棄却して、辺野古新基地建設に反対する沖縄県と県民の要求を退けました。

院内集会（2016年4月）　田中

どの裁判でも、最高裁が守ろうとしたのは時の政権の意向であり、退けようとしたのは「自分たちのまちは自分たちでつくる」という自治体や市民の自治でした。

これは決して偶然の一致ではありません。

なぜここまで、司法・裁判所は行政権力に迎合し、追随するのか。

その大きな原因は、市民社会から切り離された裁判所のあり方にあり、政治活動を全面的に禁止され、「もの言えば唇寒し」におかれている裁判官の状況にあります。

こんな司法は変えなければなりません。

同時に、こうした司法を利用し、行政への追随を強いているものが、国民の人権を圧殺し、平和を脅かそうとしている政治であることも明らかです。

秘密保護法や安保法制（戦争法）を強行した安倍政権は、「本丸」というべき憲法9条の明文改憲に突き進もうとしています。衆参両院で改憲勢力が3分の2を占めているうちに改憲を発議し、「北朝鮮の核とミサイルの脅威」などを言い立てて一気に強行しようとするものです。核兵器禁止条約の採択をはじめ、平和的手段での紛争解決の方向に向かっている世界の趨勢に、真っ向から逆行する暴挙です。

その一方で、安倍政権の国民無視、国会無視の政治姿勢や「森友」「加計」問題などに見られる政治の私物化は、国民的な憤激を生み、２０１７年7月の東京都議会議員選挙で自民党は歴史的惨敗を喫しました。

審議逃れの冒頭解散と「野党分断」によって、10月の総選挙では政権与党が議席を維持しました。しかし、市民と野党の共闘に支えられた反改憲野党が健闘し、改憲保守二大政党化の野望を打ち砕きました。

改憲を許さず、政治を変える市民の力も大きく前進しています。

このいま、市民の力で改憲を阻止し、政治を市民の手に取り戻さなければなりません。

景観を守り抜いて景観法を生み出し、長い裁判のたたかいを支え続け、判決や決定を乗り越えて「市民の拠出での解決」を実現した市民の運動は、この歴史的なたたかいのさきがけと言えるでしょう。

第4章 「上原景観基金１万人」運動

4556万2926円完全弁済への道のり

くにたち上原景観基金１万人の会・事務局

小川ひろみ

2017年11月21日、完全弁済を喜びあう（国立市役所ロビー）

「完全弁済」を祝う集会チラシ（表）。「景観市民の会」ら市民で、国立市内に2万枚を配布した（デザイン：前田せつ子）

はじめに

いったい、まちの景観はだれのものでしょうか。

地方自治体の首長に対して課された損害賠償金を、市民によるカンパで補塡したのは全国で初めてだと思われます。現政権を「忖度」する独立なき司法に負けたとしても、市民がそれを挽回する――「上原景観基金1万人」運動はその先駆的な例として評価されています。本章では、運動発足前の主に国立市民による活動、そして全国規模に展開した基金運動の経過を振り返ります。

私は、国立市と明和地所株式会社（以下、明和地所）が司法上争っていた当時に設立された「くにたち大学通り景観市民の会」（以下、景観市民の会）のメンバーです。4人の市民による住民訴訟、そして上原公子元国立市長（以下、上原さん）に対する求償訴訟（国立景観求償裁判）が起こされたころは国立市議会議員として関わり、2015年からは景観市民の会の共同代表のひとりとして活動してきました。本章の前半は、まず、一個人として景観市民の会の活動を報告したいと思います。

1　高裁の「支払命令」後の「くにたち大学通り景観市民の会」の活動

今は市井の人となっている元首長個人へ賠償を課す東京高等裁判所の逆転判決（2015年12月22

第3種郵便物認可

国立・マンション訴訟賠償金分
元市長に支払い命令
高裁が逆転判決

国立市のマンション建設をめぐる訴訟で、市が上原公子元市長を相手取り、業者に市が支払った損害賠償金約3120万円と遅延損害金を支払うよう求めた訴訟の控訴審判決が22日、東京高裁であった。小林昭彦裁判長は元市長への請求を認めなかった一審判決を取り消し、全額を市に支払うよう元市長に命じた。元市長側は上告する方針。

「運動を利用」不法行為認定

上原元市長

判決は上原元市長の不法行為を認定した。マンション建設が大学通りの景観を害すると考えた元市長が住民運動を利用したほか、建築基準法に違反するかのような印象を与え、将来の給水拒否などの不利益を受ける可能性を示唆した、と認めた。

マンション建設業者が勝訴した際の賠償額と同額を市に寄付したことについて、一審判決は「財政上は損失が解消されたとみることは可能」とした。だが高裁判決は、業者が市からの債権放棄の打診を拒否して「教育や福祉の施策に充ててほしい」と申し出たことを重視し、寄付が損害賠償金の補填には当たらないと判断した。

また元市長側は裁判で、市議会が2013年12月に元市長への求償権を放棄する議決を可決したことから、求償権が消滅したと主張。現市長が議決に従わずに求償権を行使することを権限の乱用や信義則違反に当たるとした。

だが判決は「議会が債権の放棄を議決しただけでは放棄の効力は生じない」と判断。4月の市議選で元市長を支持する議員らが落選して議会構成が変わり、5月の市議会で求償権の行使を求める議決が可決されたことから、「(現)市長は最新の議決に従うべきである」とし、権限の乱用や信義則違反は認めなかった。

市によると、市が元市長に請求している損害賠償金と遅延金の総額は1日現在で約4324万円になる。

上原元市長は記者会見し「こうした判決が出ると、住民の声を代表して頑張っている首長が議会や集会で発言することも控えざるをえなくなる」と述べた。被告弁護団の田中隆弁護士は「高裁では議論しないまま（元市長の）違法性を認めたことは残念で、極めて問題のある判決だ」と批判し、上告の意向を示した。

市は「判決の詳細を把握できていない」としてコメントを控えている。（鬼頭恒成、前田伸也）

■国立市のマンション訴訟の経緯

1999年	上原公子氏が市長当選。国立市の大学通りに14階建ての高層マンション（高さ44㍍）の建設計画が浮上
2000年	建物の高さを20㍍に制限する地区計画条例を制定
＜マンション業者が市を訴える＞	
01年	業者が市を相手取り、条例の無効確認と営業妨害による損害賠償を求めて提訴
05年	東京高裁が営業妨害を認め、市に2500万円の支払いを命じる判決
07年	上原氏退任。新市長に関口博氏が就任
08年	高裁判決が確定。市は業者に約3120万円を支払う。業者は同額を市に寄付
＜住民が市を訴える＞	
09年	住民4人が、市が負担した損害賠償金の相当額を上原氏に請求するよう、市を提訴
10年	東京地裁が上原氏の営業妨害を認定、上原氏に約3120万円と遅延金支払いの請求を命じる判決
11年	一審判決を不服として控訴した関口氏が落選。当選した佐藤一夫市長が控訴を取り下げる
＜市が元市長を訴える＞	
11年	上原氏が市への支払いを拒否し、市が12月に約3120万円と遅延金の支払いを求め上原氏を提訴
13年	12月市議会で上原氏への求償権放棄を議決
14年	3月市議会で求償権放棄の実行を求める議決 9月に東京地裁が市の訴えを退ける判決
15年	5月市議会で求償権の行使を求める議決

高裁逆転判決。朝日新聞、2015年12月23日付、多摩版

日）には、多くの人が唖然としました（新聞記事参照）。高裁判決があらゆる意味で乱暴な判決であったことは、第2章、第3章にあるとおりです。景観市民の会は、明和地所と国立市が司法上争っていた当時から活動してきましたが、2015年の年末より、弁護団とともに地裁・高裁判決の内容を学習し、上原さんの最高裁判所への上告を支援し、市民が選んだ市長への支払命令の問題を市内に周知すべくフル回転を始めることになりました。

話し合いを重ねるなか、連続チラシを全戸配布することにしました。明和地所との裁判から17年も経っていますが、「明和マンション問題は、まだ終わっていなかった!!」と国立市民のみなさんへ語りかける調子とし、A3判で、写真を多用した目立つものでした（館野公一さんデザイン）。1号発行ごとに市内読者の感想や反応を確認しつつ、分かりづらい裁判の経過と本質をいかに伝えるか、毎週水曜日の定例会議は夜遅くまで白熱した議論が続きました。毎号、産みの苦しみの末に発行したチラシ

2万枚を、メンバー約20人で市内全域にまんべんなく配布し、毎週駅頭に立って情報宣伝を続けました。国立市の世帯数は約3万7000世帯なので、かなり濃く撒けたはずです。細かくなりますが内容をご紹介します（なお、3号すべて景観市民の会ブログにアップしてあります）。

第1号（2016年2月17日）

1面扉では、「市民のみなさんへ　おかしいと思いませんか――国立市の損害が実質的にゼロなのに／市民に選ばれ、市民の要求に従って／景観保護に取り組んだ上原公子元市長個人に4300万円もの支払いを求めるなんて」と訴えました。中2・3面には、東京新聞2016年1月8日付「こちら特報部」の記事「賠償『首長は萎縮してしまう』」を掲載。4面は、元市長に巨額な賠償請求がされる異常事態になぜ発展したのか。17年間の経過を三つに分けて整理しました。

チラシを手にした市民の感想は、「まだ裁判は続いていたのね。知らなかった」「高裁判決！　これはどう考えてもおかしい」というのが中心で、国立景観求償裁判を案じる市民の関心を喚起したようでした。

第2号（2016年3月30日）

2号チラシの扉では、市民へ「一緒にできることを考えてみませんか」と行動をともにすることを呼びかけました。中面は、A3判全面を使って、国立の市民自治の歴史を示しました。「思い起こし

市民のみなさんへ

国立市の損害が実質的にゼロなのに
市民に選ばれ、市民の要求に従って
景観保護に取り組んだ上原公子元市長個人に
4300万円もの支払いを求めるなんて
おかしいと思いませんか。

くにたち大学通り景観市民の会　2016年2月

第1号チラシ1面（2016年2月17日発行）

てください。考えてください。自分のまちのことは、自分たちの責任で決めよう。それが、国立の『市民自治』の歴史。①1950年代、文教地区指定に立ち上がった住民たち、②1965年以降、大学通りの歩道橋建設問題に疑問を提起した市民、③1970年代、大学通りの景観を守るために、自ら『一種住専』の建築規制をかけた沿道住民、④1990年代、景観条例制定で議会を動かしたのも、やはり市民でした、⑤1999年、条例の実施をめざして、市民の選んだ市長、それが上原市長です、⑥明和地所の大型マンション建設見直しを求め、建築物の高さを制限する『地区計画条例』制定に立ち上がった市民、⑦上原市長と市議会を動かした市民自治の力」。

4面は、「なぜ、佐藤一夫現市長は上原公子元市長を訴えるの？」／最高裁アピール行動（4月25日）ご案内・最高裁長官へのあなたの「ひと言」ハガキ募集／定例会議へのお誘いを載せました。

このチラシは「よくできている」と、お褒めの言葉が多く寄せられました。うれしいことに、国立生まれ、国立育ちの市民からも「これは永久保存版」と評されたほどです。国立の歴史をお伝えすると同時に、国立景観求償裁判で問われているのは、まさに市民自治であることが伝わったとの手応えがありました。

第3号（2016年6月15日）

3号では、市民と市議会議員へ「一緒に考えてほしい」と呼びかけました。2015年4月の統一地方選挙で国立市議会の議員構成が変わり、上原元市長に対して求償訴訟を続ける佐藤市長「与党」が過半数を制することになりました（議員定数22人）。当選後まもなく、「与党」13人の市議は、議会開催を待たずに「上原公子元市長に対する求償権の行使を求める」決議案をまとめ、国立市側弁護団は、可決もしていないこの決議案を証拠とする「準備書面」を高裁へ提出しています。そこで、3号チラシは、市議会に対して、議会プロセスと議会制民主主義を尊重するよう強く求めるトーンをとったわけです。

中面には、年表「裁判の経過　1999年・マンション建設問題浮上～2016年・上原元市長が最高裁に上告」／「3つのなぜ?」①なぜ、上原元市長ひとりにすべての責任を押しつけることになったのか。②なぜ、国立市は明和地所と同じ訴訟内容で上原元市長を訴えているのか。③なぜ、佐藤市長は、市議会の債権放棄議決を無視して裁判を継続するのか。

4面には「最後のなぜ?　なぜ、13人の議員は、新たに求償権行使の決議をしたのか。」／最高裁アピール行動（6月27日）案内／講演会（8月12日）案内　首長の仕事とは――公約を守って訴えられる?　上原公子×嘉田由紀子（前滋賀県知事）対談@さくらホール／定例会議へのお誘いを載せました。

シンポジウムには、市外からも多くの方が足を運びました。また、チラシの「なぜ?」の設問と答えは国立景観求償裁判の本質を明確に伝えていると評判が高かったです。

2　最高裁へのアピール行動と市民陳情

国立市内全域へのチラシ撒きによる周知と街頭アクションと併行して、寺田逸郎最高裁長官宛てに「ひと言」メッセージを届けました。また、東京都千代田区隼町にある最高裁へ出向いてアピールを行い、最高裁への「市民陳情」制度も繰り返し利用しました。2016年の景観市民の会は、弁護団とともにできることは何でもしようと必死でした。

第1回目は、2016年4月25日(月)に行いました。最高裁前アピール行動と市民陳情、加えて参議院議員会館で院内集会も行いました。院内集会では福島みずほ議員、小野次郎議員が駆けつけてマイクを取ってくださり、また、仁比聡平議員、阿部知子議員と菅直人議員らも賛同の意を寄せてくださいました。第2回目は、6月27日(月)。第3回目は、9月27日(火)。第4回目は11月15日(火)というように2か月に1度は最高裁へ通って、不当な高裁判決を確定させないよう声を上げ、職員にもチラシを渡し、国立景観求償裁判の問題を訴え続けました。計4回で、市民が行った「陳情」は計25人。そのうちの3人の訴えを第5章に載せました。第5回目を12月21日(水)と定め、弁護団は学

最高裁前でのチラシ配り

識経験者と上原さん本人による意見書3本を添付した補充書、首長による意見書8本を添付した補充書の提出を最高裁に申し入れていたにもかかわらず、12月13日、突如、最高裁は上告棄却・上告受理申立棄却の決定を下したのです。補充書（意見書）の提出は阻まれてしまいました。

　この間、原告・佐藤一夫国立市長が逝去（11月16日）。政治的判断により上原さんに賠償請求の訴えを起こした故佐藤市長は、国立景観求償裁判を「のどに刺さった骨」と評したままこの世を去りました。真意のほどはよく分かりません。最高裁決定は市長選挙のさなかに出されました。債権放棄を掲げる候補と、佐藤市政を引き継ぐ副市長が闘っていました。12月25日のクリスマスに市長選は行われ、いわゆる「弔い選挙」となり、永見理夫（かずお）副市長が市長に当選したため、国立市による上原元市長への債権の請求は続けられることになりました。

3 「くにたち上原景観基金1万人の会」発足

２０１６年12月13日の最高裁の突然の言い渡しは、弁護団にとっても支援者にとっても全く受け入れがたいものでした。運動から遠のいていた市民からも驚きの声が上がりました。三審制の最後の無慈悲な決定です。最高裁長官には理も情も届かないのかとの落胆の中に私たちはありましたが、窪田弁護士から「元市長の個人責任にさせるべきものでなく、住民自治の問題として募金を集めるよう呼びかけてはどうだろう」との提案が出されました。その提案に一条の光を見た思いで、私たちは再び立ち上がることになりました。マスコミでその情報が流れると問い合せが急増し、弁護団事務局を担っていた日野市民法律事務所の窪田弁護士名を、カンパの振込口座先にともかく指定することにしました。その後は１か月で約３００万円が入金される勢いでした。

そのようななか、２０１７年１月27日、国立市から３１２３万円プラス遅延損害金の合計約４５００万円の賠償請求が上原さんに届き、支払期限は１か月後の２月28日とありました。１か月で支払える金額では到底ありません。債務者となった上原公子さんは、履行期限の延長を申し入れました。

基金集めを組織的に進める必要が痛感されました。裁判を担った弁護団や景観市民の会とは別の基金づくりを中心に据えた組織を立ち上げて、全国にカンパを募ることにしました。一般社団法人「く

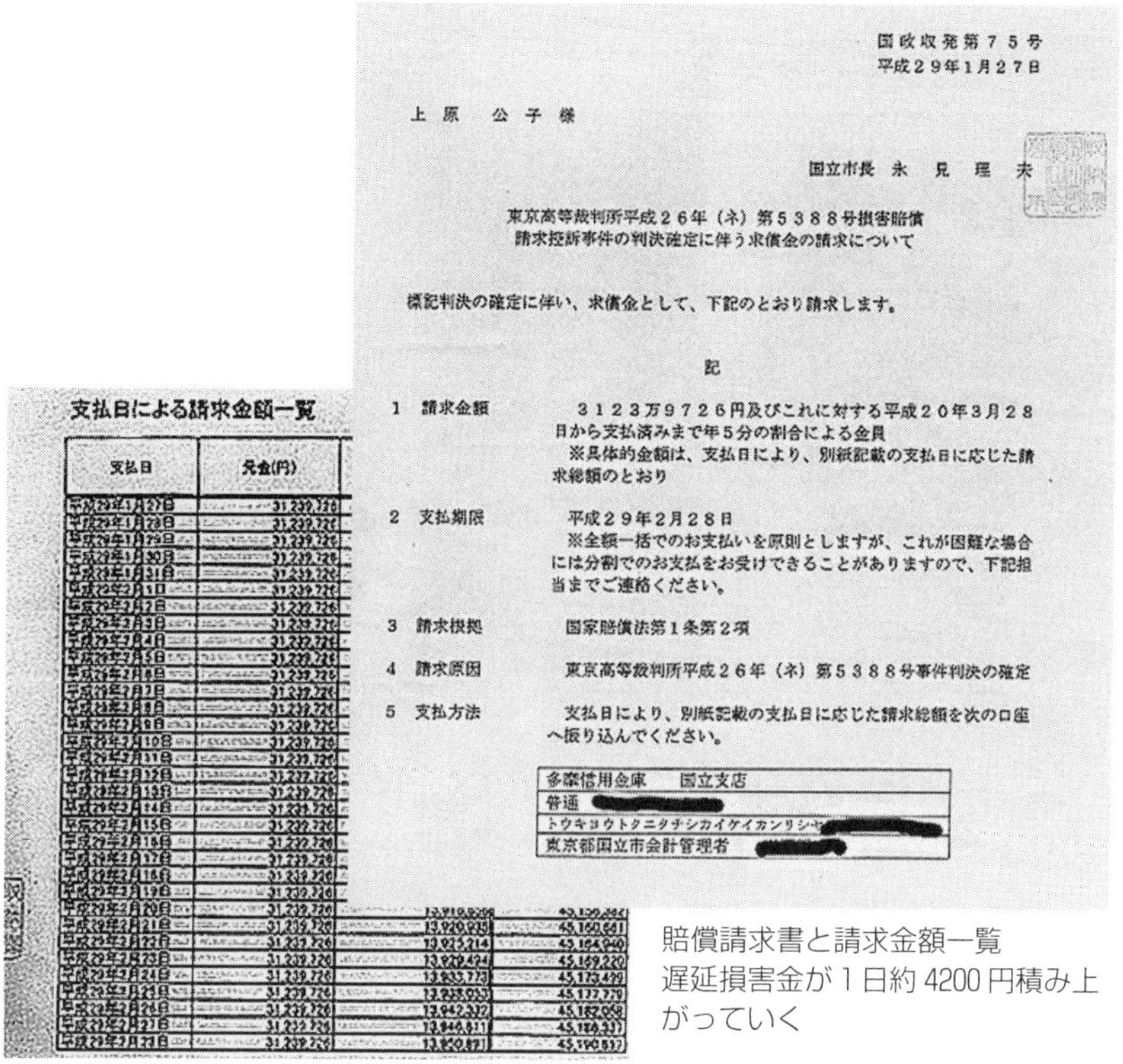

国政収発第７５号
平成２９年１月２７日

上原　公子様

国立市長　永　見　理　夫

東京高等裁判所平成２６年（ネ）第５３８８号損害賠償
請求控訴事件の判決確定に伴う求償金の請求について

標記判決の確定に伴い、求償金として、下記のとおり請求します。

記

１　請求金額　　３１２３万９７２６円及びこれに対する平成２０年３月２８日から支払済みまで年５分の割合による金員
※具体的金額は、支払日により、別紙記載の支払日に応じた請求総額のとおり

２　支払期限　　平成２９年２月２８日
※全額一括でのお支払いを原則としますが、これが困難な場合には分割でのお支払をお受けできることがありますので、下記担当までご連絡ください。

３　請求根拠　　国家賠償法第１条第２項

４　請求原因　　東京高等裁判所平成２６年（ネ）第５３８８号事件判決の確定

５　支払方法　　支払日により、別紙記載の支払日に応じた請求総額を次の口座へ振り込んでください。

多摩信用金庫　国立支店
普通 [illegible]
トウキョウトクニタチシカイケイカンリシャ [illegible]
東京都国立市会計管理者 [illegible]

支払日による請求金額一覧

支払日	元金(円)		
平成29年1月27日	31,239,726		
平成29年1月28日	31,239,726		
平成29年1月29日	31,239,726		
平成29年1月30日	31,239,726		
平成29年1月31日	31,239,726		
平成29年2月1日	31,239,726		
平成29年2月2日	31,239,726		
平成29年2月3日	31,239,726		
平成29年2月4日	31,239,726		
平成29年2月5日	31,239,726		
平成29年2月6日	31,239,726		
平成29年2月7日	31,239,726		
平成29年2月8日	31,239,726		
平成29年2月9日	31,239,726		
平成29年2月10日	31,239,726		
平成29年2月11日	31,239,726		
平成29年2月12日	31,239,726		
平成29年2月13日	31,239,726		
平成29年2月14日	31,239,726		
平成29年2月15日	31,239,726		
平成29年2月16日	31,239,726		
平成29年2月17日	31,239,726		
平成29年2月18日	31,239,726		
平成29年2月19日	31,239,726		
平成29年2月20日	31,239,726	[illegible]	[illegible]
平成29年2月21日	31,239,726	13,920,935	45,160,661
平成29年2月22日	31,239,726	13,925,214	45,164,940
平成29年2月23日	31,239,726	13,929,494	45,169,220
平成29年2月24日	31,239,726	13,933,773	45,173,499
平成29年2月25日	31,239,726	13,938,053	45,177,779
平成29年2月26日	31,239,726	13,942,332	45,182,058
平成29年2月27日	31,239,726	13,946,611	45,186,337
平成29年2月28日	31,239,726	13,950,891	45,190,617

賠償請求書と請求金額一覧
遅延損害金が１日約 4200 円積み上がっていく

にたち上原景観基金１万人の会」（以下、上原基金の会）の設立です。会の名称どおり、カンパ運動は１万人規模に広げる意気込みをもって、決定機関としては身軽な組織体であるよう５人の理事――佐藤和雄（代表理事）・窪田之喜（弁護士）・齋藤駿（会社相談役）・佐々木茂樹（景観市民の会）・山内敏弘（一橋大学名誉教授）でスタートしました。事務局専従として私、小川（景観市民の会）が就きました。法人格取得などでは、豊田栄一郎税理士にお世話になりました。

発足集会を２０１７年２月11日と定めました。集会までに、主に上原さんの繋がりで１００人を超

発足集会での上原ファンド勝手連の皆さんのアピール

える「呼びかけ人」が賛同の名乗りを上げてくださいました（巻末に１２８名の「呼びかけ人」一覧）。その早かったことは驚嘆に値します。また、全国各地に勝手連が誕生し、母体よりも素早い動きでリードしてくださいました。「上原救援市民勝手連　ひろ子がんばれネット」「景観と住環境を考える全国ネットワーク」「小田原・上原公子講演会実行委員会」「上原ファンド1万人の会・かわさき」「上原ファンド1万人の会・くにたちネット勝手連」「くにたち上原ファンド・日野」「元国立市長上原公子さんのお話を聴く会・所沢・実行委員会」「市民ネットワーク・昭島」「くにたち上原景観基金・世田谷区民の会」「市民ネットワーク・千葉」「無防備地域宣言運動全国ネットワーク」（大阪と東京）、「多摩住民自治研究所」などです。各団体のネットワークを使って個性的に発信し、集会を開き、基金づくりが進められました。

　発足集会が開かれた国立駅前の商協さくらホールには、入りきれないほどの人が足を運び、上原基金の意義と目標達成に向けて激励が送られました。勝手連の皆さん、そして大勢の「呼びかけ人」も参加しました。吉原毅さん（城南信用金庫相談役）、鎌田慧さん（ジャーナリスト）、小林緑さん（国立音大名誉教授・元NHK経営委員）、佐高信さん（評論家）が登壇して激励を寄せてくださいました。「先頭で闘った上原さんを見殺しにしない」「上原さんとは一生お付き合いしていく」等のあたたかな発言は参加者の記憶に深く刻まれました。

4　支援者たちと密に繋がるための方法と仲間たち

発足集会で要望が多かった、どこからでもカンパしやすい「ゆうちょ口座」を、その後急ぎ開設しました。送金とともに郵便振替用紙に記されるメッセージが、何よりも運動の財産となっています。そのことを含めて、運動の肝を懇切丁寧に教えてくださったのは、先に記した「上原救援市民勝手連」の高野幹英さんと柘植洋三さんでした。お二人は、「成田空港・管制塔占拠被告団」に課された1億3000万円を、全国に呼び掛けて、なんと4か月で集めた方々でした。「ひろ子がんばれネット」ブログをいち早く立ち上げ、三つ折りのリーフレット3000枚を発足集会に持参し、参加者全員に持ち帰って配るよう頼んでくださいました。「基金に寄せられたメッセージをすべて記録しておくこと。基金高は1円まで毎日ブログにアップすること。運動は楽しんで行うこと！」等を教えてくださいました。そして、困ったときにはいつも相談に乗っていただき、知恵と労力を差し伸べてくださいました。

上原基金の会の活動がさまざまな場で多様に動き出すなか、会としてのブログ立ち上げは喫緊の課題でした。現時点での基金高がひと目で分かる円グラフ、頻繁に開かれるイベント等の告知、シンポジウム等の記録、インタビューの動画、勝手連のページに繋がるバナー、送金者からのメッセージの紹介などを入れた独自ブログは、試行錯誤するなかで、私たちの運動にとって必要にして十分な内容に創り上げられていきました。ブログの立ち上げから運営まで、ウェブデザイナーの仲間が気持ちよく対応してくれました。

また、マガジン9の小石勝朗さん、社会新報の田中稔さんたちジャーナリストも果敢に雑誌等に寄稿し、上原さんを狙い撃ちする本裁判がスラップ訴訟（恫喝・威圧訴訟）である本質を明確にし、初期の基金づくりに勢いをつけてくれました。

国立市議会で少数野党となった厳しいなかにあっても、議会で国立景観求償裁判を取り上げて行政に質問を投げかけ、また基金運動を支えたのは関口博市議（元市長）、重松朋宏市議、藤田貴裕市議、上村和子市議、高原幸雄市議、尾張美也子市議、住友珠美市議でした。

5　上原さんに代わって市民が支払う「第三者弁済」という方法

基金づくりの運動は進みましたが、他方、国立市への賠償金支払方法が確定していたわけではありませんでした。遅延損害金の利率が年5％で、日々、約4200円が嵩んでいきます。「国立市はサラ金か！」そんな国立市に支払うためにカンパはできないとの批判も寄せられていました。そのようななか、上原基金の会は国立市に対して、次の2点を要望していました。

① 民法上の「第三者弁済」（債権者〔国立市〕と債務者〔上原公子〕両者の合意があれば「債務者」に代わって第三者が支払える制度）の適用

② 金3123万円を先に支払い、これを元金に充てる（そうすることによって、金利5％で嵩む遅延損害額をここで止める）

5月16日、国立市から①と②について承諾する旨の連絡が届きました。これにより先に払う3123万9726円は元金に充当され、支払うべき遅延損害金は1432万3200円に定まりました。

発足集会の翌日、関西から1000万円ものカンパが送金されたこともあって、上原基金の会発足から早くも3か月で元金分のカンパが集まりました。一部金を前払いする「一部弁済」を行う日を5月26日としました。当日は、3人態勢を組んで、元金ぴったりの額をゆうちょ銀行から下ろしました。全国約3400人によるカンパで積み重ねた金額でした。その厚みと重みを胸に抱いて国立市役所にタクシーで駆けつけました。「一部弁済」の日程はメールやブログで告知していたので、市役所ロビーにはマスコミ各社が来ていてカメラを構えていました。市内外の市民がぞくぞく集まってきて、市の職員も何事が起きているのかいぶかし気な様子のなか、一大イベントとなりました。永見国立市長は、写真をSNS等で配信することを禁じると言ってきました。元市長に対して賠償金を取り立てている事実、また、全国からの批判の声を恐れたと思える慎重さでした。しかし、お昼にはNHKが首都圏ニュースとWEBニュースを流したことで全国に情報が伝わりました。

運動に賛同してカンパを寄せてくださった全国からの声

・以前から仮に裁判が決定しても、上原さん一人に巨額のお金を支払はせるようでは国立市民として情けないと思っていました。年寄りなので運動には加われませんが、カンパだけはしたいと思い送金させていただきました。多少ともお役にたてれば幸いです。
・鎌田慧さんが「先頭で闘った上原さんを見殺しにしてはならない。犠牲にしてはならない」とくにたちの集会で語ったと聞き、感動しています。本当にそう思い、僅かですが送金しました。
・上原さんの上告が棄却されたことは、ほんとうに残念です。4500万円もの大金を上原さん個人に支払わせようとする国立市の姿勢に以前から憤りを感じていました。本日、カンパを振り込ませていただきました。
・11日の集会に参加し、カンパを置いてきました。集会でいただいた資料を手に、近所や職場で話せそうな人に話してみます。
・最高裁の判決には心から憤っています。日本の裁判は上級審にいけばいくほどダメなようです。私は老齢のためお力になりませんが、せめてカンパだけでもと思い10万円を同封しました。
・英国の都市計画に関心を持っています。景観はとても大切です。また地方自治を守ることも大切と思い献金。
・ホームページを見る度に、カンパ額が積み上がっていくことに励まされます。私個人の分は、少額ながら11日の集会でお渡ししましたが、その後、カンパを預かった分や、少しだけれどと何人かがカンパしてくれた分をお届けします。
・昨日、みずほの口座に貧者の一燈を捧げました。基金が単に賠償金の肩代わりというだけでなく、多くの志ある市民の結集の核になることを祈ります。
・多摩ニュータウンに住んでいます。是非、上原さんを、後に（歴史上）偉かったではなく、戦っているときに、ソーダソーダと言ってあげてください。
・東京高裁の判決、最高裁による上告棄却に司法の堕落を見る思いです。多くの市民の要望を受け、正規の手続きを行った公務に対する今回の判決は憲法で保障されている住民自治をないがしろにするものです。当団体として応援しています。
・判決は全く不当極まるものでした。最高裁も“最低裁”です。狂ってきています。上原さんは大阪でも、以前、講演をしてくださり、立派な市長さんでした。（キリスト者無教会）

永見理夫国立市長に要請文を読み上げる

ここでお伝えしたいのは、運動に賛同してカンパを寄せてくださった全国からの声です。ほんの一部ですが、表に記しました（ブログには匿名で全部アップしてあります）。

「元金」を弁済した日、市民が永見市長へ願ったことは、市民自治による景観保全の歴史を市政として繋ぐことでした。「要望書」は、理事のひとり、佐々木茂樹が読み上げました。

「国立市と明和地所との裁判は２００８年で終わっています。明和地所が、国立市が支払った損害賠償額と同額を国立市に寄付したことで、常識的な見方では、国立市の損失は補填されたといえるでしょう。それゆえ、今回、国立市内外の市民の募金による上原元市長に代わっての支払を受けるにあたっては、国立市の景観保全のための財源として生かすよう要望します。

最高裁に景観利益を認めさせ、国に景観法をつくらせた原点には、国立市民の自治によるまちづくりのたゆまぬ営みがありました。この誇れる歴史を引き継ぐ景観政策を、永見市長の下、いっそう前進させることをお約束ください。募金に参加した多くの市民の熱い思いを受け止め、生かすことを重ねてお願いします」。

6　パンフレット『私は上原公子！』の大反響

時系列が元に戻りますが、元金分までの集約を決定づけたのは、2016年5月15日、国立市内の全新聞へ折り込んだパンフレットでした。国立市による提訴と司法の判決で名指しされた「上原公子」とは、固有名詞（個人）ではなく、「国立の景観を守るために上原さんを市長に送り出した私たちの総称」であるとの訴えに共感した市民は大勢いました。「ずっと気になっていた」「何かできないかと思っていた」という方々の輪がひとまわりも、ふたまわりも広がりました。まるで、大学通りの景観を「オールくにたち」で必死に守ろうとしたあのころが、多くの方の胸に甦ったかのようでした。

7　司法のあり方を考える

最高裁が高裁判決を確定させてから半年、最高裁決定に抗して基金づくりを訴えてから4か月。私たちは賛同する方々と状況を共有し、今後の展望を探るべく会をもちたいと考えていました。そのとき、上原さんが、ドキュメンタリーの傑作『日独裁判官物語』の上映を思いつきました。１９９９年の作品ですが、市民とともにあるドイツの裁判官のアフター・ファイブを撮影していて、裁判所の民主化が後退したと感じられる今の日本に鮮烈です。映画を通して、市民から隔絶している日本の裁判官と司法のあり方を考えることを目的に上映会とシンポジウムを企画しました。集会の場所は、理事のひとりである山内敏弘一橋大学名誉教授と「呼びかけ人」の只野雅人教授（一橋大学法学研究科）の手配で、一橋大学の教室を借りることができました。シンポジウムは、上原さんと窪田之喜弁護士、田中隆弁護士に、滋賀県彦根市から元裁判官の井戸謙一さんが加わりました（第3章扉参照）。内閣が最高裁裁判官を任命する制度の中で、市民が最後の拠り所とする裁判所への道のりは遙か遠いと痛感しています。が、井戸さんが「どの裁判官にも、出世したい気持ちと、上命下服を嫌い、思ったとおりの判決を出せることに魅力を感じて裁判官になり、よい判決を出したいとの思いが同居している。後者の思いを発揮させるのは、やはり、市民の皆さんの力です」との発言が、参加者の胸に響きました。

おわりに

これまで私たちが掲げてきた主張は、全国にうねりのように広がり、心ある市民から貴重なカンパが寄せられ、２０１７年7月末の時点の寄付は４１００万円を超えました。２０１７年5月26日時点で支払うべき金額は４５５６万円と確定したので、あと約４５６万円です。その道筋が目の前に見えるようになってきましたが、実はここからが急斜面のつづく「胸突き八丁」なのかもしれない、と語ったのは代表理事の佐藤和雄（元小金井市長）でした。そこで、関心を寄せてくださっている全国の皆さんへ向けて、ともに走り抜ける「ラストスパートのお願い」を送ることになりました。その後約３か月の急斜面は、不条理な債務返済を恨めしく感じる道でありましたが、新たな支えや激励に出会う貴重な経験となりました。

２０１７年11月21日、上原基金の会は、上原さんに代わって、損害賠償金の全額、４５５６万２９２６円を国立市に支払いました。５月26日に元金３１２３万９７２６円を一部前払いしてから半年。この忘れざる日を私たちは、国立市役所に駆けつけた仲間と、全国の支援者とともに噛み締めました。厳しくもやりがいのある役割を果たした私たちは、国立の「市民自治」の歴史を絶やすことなく今に繋げられたことに誇りを感じています。

この基金運動を、国立市民の力だけで成功させることは、到底できませんでした。全国各地の住民自治・民主主義を守ろうとするおおぜいの方々の熱い思いが支えてくださいました。感謝いたします。最後に、どうぞ、皆さま、誰もが楽しめる大学通りの景観とそこに広がる青い空を感じに、お出かけください。市民が守り育てたいと願った開放的で美しいまちなみを体感していただけることでしょう。

第5章　国立景観裁判と「私」

東京海上跡地から大学通りの環境を考える会会員
末吉正三
まちづくり・環境運動川崎市民連絡会「川崎まち連」事務局長　小磯盟四郎
景観と住環境を考える全国ネットワーク　上村千寿子
世田谷区長　保坂展人

最高裁前アクション

はじめに

本書の最終章では、1999年から始まった国立景観裁判と市民自治による運動の意義について、国立市内外の住民と現役首長の発言を収録しました。

最初は、2016年9月、国立市在住の市民が最高裁にて、寺田逸郎最高裁判所長官（当時）宛てに高裁判決を確定させることのないよう要請した「市民陳情」3本です。2016年春から私たちは目立つ旗などを持って2か月置きに最高裁正面へ出向き（扉写真）、高く無慈悲に感じられる巨塔の前で訴え続けました。必ずや高い壁の向こうにいる裁判官が目に留め、訴えに耳を貸すことを願っての懸命な行動でした。最高裁前行動の後、慣例で30分与えられた「市民陳情」制度を利用して、毎回6～7人が長官宛ての陳情を調査官に向かって行い、計4回、25人ほどの市民が訴えたことになります。明和地所株式会社（以下、明和地所）が大学通りに40ｍの高層マンション計画を明らかにした当時、それに抗して「東京海上跡地から大学通りの環境を考える会」が立ち上がり、昼夜問わずの猛烈な運動を展開しましたが、ここに掲載した陳情3本を通して、運動を担った代表的な国立市民を知っていただけることでしょう。いずれの陳情文にも「自分のまちのことは自分たちで決める住民自治」の精神を前の世代から受け継ぎ、景観保全のために当たり前に動いた、日本においてはいまだ稀有な市民の姿を見ていただくことになります。

次は、国立の運動をもとに、現在、地域での乱開発や景観紛争の現場に立つお二人による投稿です。かつてより超高層化と人口密集再開発ブームは進み、地域で抵抗運動をつくることは厳しさを増しています。しかし、二つの投稿から、国立が勝ち取った「住民の景観利益」とその後の「景観法」の制定は、今でも、住民自治を進める市民を下支えし、輝いていることがよくわかります。

最後は、保坂展人世田谷区長による意見書をご紹介します（経緯の詳細は第3章）。これは、2016年12月21日に最高裁に提出することが定まっていたにもかかわらず、突如、12月13日、最高裁が上告棄却・上告受理申立棄却の決定を下したため、結果的に未提出となった11本の補充書の1本です。保坂区長には、本書のために意見書を短縮する労をおかけしました。国立の景観をめぐる市民運動と上原市長による行政判断が、どれほど社会的に「景観ルール」の波及と確立に意義をもったかを、また、国立求償裁判における最高裁決定＝退任した首長に個人賠償を課す判断が、今後、自治体経営を預かる全国の首長に大きな影響を与え、地方自治の根幹を揺るがすことになる危機を、現役首長が語っているのは刮目に値します。

（文責／小川ひろみ）

1　最高裁長官への「市民陳情」——『最高裁判所長官・寺田逸郎殿』

東京海上跡地から大学通りの環境を考える会会員

高裁判決には、大学通り景観形成の履歴について述べられていませんが、景観利益を認めて頂けるような美しい地域が、偶然発生したわけではありません。

　国立は、大正末期から、理想の学園都市の創出を目指して開発され、その志を継いだ市民の手によって守り育てられて来ました。私の母は、住民が自分の権利を一歩引いて協力し合うまちづくりへの熱意を国立魂と呼んで尊びました。「東京海上跡地から大学通りの環境を考える会」の活動が始まった時、母は、「あのころの国立魂が生きていたんだね」と言っておりました。あのころとは、1952年の文教地区指定運動であり、1971年の自らの土地に10mの高さ制限をかけた一種住専運動のことです。国立魂は今も、地域の交流や自治会の活動などを通じて、広く住民に受け継がれています。

　高裁判決では、あたかも上原元市長が、住民運動を利用したかのごとく記載されていることに対し、あまりに理不尽すぎるという思いがします。市民の声には耳も貸さず、景観条例を無視しながら、販売にあたっては、大学通りの美しさ、地域の環境の良さを売りにする業者の言い分だけがなぜ高裁で通ってしまうのでしょうか。

　1999年の市長選で、景観保護を公約に掲げた上原公子さんが当選された時、私は景観条例と上原さんが一体化しているように感じ、公約には確かな重みがあると思いました。新任早々、明和地所の超大型マンション計画が発覚し、市民は5万人の署名を添えて上原元市長に計画見直しを求めました。また、その後、地区計画を条例化するため7万人の署名を添えて、臨時議会の開催を求めました。この流れの中で、上原元市長が市民の意向を受け入れたことは、当然のことだと思います。また、地区計画の合意が2日で達成できたことは特筆すべきことです。以前、C地区景観形成協議会が主催した勉強会で、田園調布町並見学をさせていただいた時、自治会長のお話で、田園調布では、規制の合意は、早くて5年、長いと10年以上かかるとうかがいましたが、国立では2日で達成できたのです。どれほど多くの住民が、計画の見直しを求め、必死で行動したことかお分かりいただけますでしょうか。その意向を受けた上原元市長が、住民の意思を代弁し、その代表として行った行為のどこに問題があるというのでしょうか。

また、以前の国立市対明和地所の裁判で、国立市が支払った損害賠償金を、その後、明和地所は同額を国立市に寄付された結果、国立市の賠償金は補塡されて、スッキリ解決しています。２００８年12月議会で当時の総務部長は「市として損害は実質的に補塡されている」と答弁されました。また、永見現副市長は当時福祉部長として、現教育長是松氏は当時教育次長として、一般寄付として受け入れる旨の決裁に印を押し、実質、国立市の損害は補塡されたことを、確認しているにもかかわらず、市長を退任して10年経過している上原元市長個人、現在（注／２０１６年6月末）では、遅延金を含めると４４５０万円にもなる賠償を執拗に求め続けていることは、大人のいじめであり、住民自治つぶしなのだと思えて仕方がありません。

もし、高裁判決が、まかり通ってしまったら、全国の市長は、公約実現の努力をしたら、損害賠償請求されてしまうというレールを敷くことになってしまいます。

このような不自由な足かせを付ければ、市長は萎縮してしまい、何事においても、良好な結果は望めなくなり、住民自治が生み出す、さまざまな文化や活力も衰退していってしまいます。それは、未来にとってプラスになることとは思えません。

私は、最高裁判所の皆様にお願いがあります。一度国立を訪れ、大学通りを歩いて頂きたいのです。この通りに広がる青い空を眺めて頂きたいのです。どれほど多くの人々が、この道からさわやかな開放感と幸福感を味わっていることか体感して頂きたいのです。是非ともお越し頂けますようお願い致します。

高裁の判決内容は、事実の経緯と正反対になっています。どうか最高裁で今一度見直しをして頂けますよう心より切にお願い申し上げます。

東京海上跡地から大学通りの環境を考える会会員

今から17年前、わが家に明和地所と三井建設の方が「マンション建設計画近隣説明書」を持って来られた時、①特に、福祉・学校が集中しているこの場所に、この建築計画のボリュウムと高さは合わない事、②国立は大学通りの景観保護に長い時間をかけ大切にしてきた事、③市民運動には歴史の重みがある事、④この計画では市民に猛反対される事、を伝え帰っていただきました。

それから間もなく、私と同じ思いの近隣住民12名の方と「大学通り東側住民の会」を立ち上げ、私は代表を務めました。12名中7名の方が、裁判の原告にもなりました。「東側住民の会」は、「東京海上跡地から大学通りの環境を考える会」の一員として、最後の最後まで、活動をともにし、建築計画の変更、景観保護を訴えてまいりました。

私は、真夏も真冬も土・日もなく、明和地所の方から、「運動は営業妨害だ。損害賠償請求されますよ！」と言われてもめげずに、一にも二にも市民運動、という生活を送り、随分家族にも迷惑を掛けてしまいました。

今回の高裁の判決のなか、上原元市長が「手段として住民運動を利用した」等とあります。上原元市長の選挙公約は、「国立の良き景観保護！」と訴えて当選した方です。運動をしている私たちにとって、上原元市長と同じ方向を向いているということは、運動がやりやすかったのは事実です。また上原元市長にとっても、住民運動のパワーには、心強さと緊張感を持っていらっしゃったと思います。私たち市民は、法律家や建築家、東京都にも相談をしながら、良き景観を守り、次世代に残したい一念で運動をしておりました。上原元市長も、住民運動を利用などせず、各専門家と十分相談しながら責務をこなしていらっしゃいました。

そもそも以前の国立市対明和地所の裁判で、賠償金が国立市から明和地所に支払われ、終結していました。その後支払われたお金は、明和地所から国立市に全額寄付されました。

現裁判で、今度は、上原元市長一人が、公約を成し遂げるため、明和地所に、大学通りの景観に調和するよう、理解と協力を求めた行為に対して、賠償金の支払い請求をされています。現在遅延金を含めると約4500万円位にもなっているのではないかと思われます。これでは、市長のなり手などいません。

現市長（注／当時の佐藤一夫市長）は選挙の時、わが家の傍で、「国立市は裁判ばかり、争いのない街にする！」と訴えていらっしゃいました。しかし、裁判を起こし、上原元市長一人に、高額な支払い請求をしております。市長として公約を成し遂げる事の苦労、苦悩が分かり合える同志が、裁判状態であることに、国立市民は大変困惑しております。

今回の高裁判決には、疑念を感じるところがたくさんあります。どうか、最高裁判所において、今一度ご判断していただけるように、切にお願い申し上げます。

末吉正三

私が、国立に移り住んだのは約60年前、中学2年のときでした。

当時、すでに駅前の円形公園に「国立文教地区」の看板が誇らしげに立てられていました。

そして、まちの歴史を学ぶなかで、文教地区の指定を巡って住民や学生による運動があったことを知りました。

その後、モータリゼーション時代の大学通りに歩道橋を設置することの是非、マンションブームが始まった初期の大学通り沿道住民が自ら建築物の高さを低層に制限する一種住専運動、さらに国立市景観形成条例の制定など、まちの景観づくりに市民が参加して、実現してきたことを目の当たりにしてきました。

ですから、1998年、自宅前に突然マンション計画が持ちあがったとき、その翌年の明和地所による大型マンション計画のときも、景観を守るための見直しを求める運動に参加するのは、一市民としてごく自然なことでした。

運動を進めるなかで、他のマンション計画見直しを求める市民グループと連携し情報交換をしましたが、すべてマンション計画で共通していた問題点は、開発業者に国立の住民自治によるまちづくりの歴史について理解しようとする姿勢が、まったくといってよいほど感じられないことでした。なかでも明和地所については、とくにそれを強く感じました。

もし、それぞれの開発業者が、法律問題は別として、国立の景観づくりの歴史を市民と共有し、話し合いの時間をもっていたら、多くの場合、紛争になることを防げたのではないかと思います。私は、他のマンション開発業者や他の自治体の住民の方から、国立市民は景観について特別きびしいですね、という言葉を幾度となく耳にしてきました。

そのとき私は必ず、国立は特別ではありません。強いていうなら、自分のまちのことは自分たちで決める住民自治がしっかりと根付いていることです、と答えてきました。

国立市が上原元市長に対して、損害賠償を求めている今回の裁判も、元をただせば明和地所の利益至上主義による強引な開発行為と国立の住民自治との対立のなかで起きたことであり、その背景に国立の住民自治によるまちづくりの歴史に対する、明和地所の無理解と対話不足があったと言わざるを得ません。

最高裁判所におかれましては、国立の住民自治によるまちづくりの歴史について耳を傾け、そして大変お忙しいとは存じますが、市民が守り育ててきた大学通りの景観とそこに建つ異様ともいえる巨大マンションを是非とも見ていただき、その上でご判断をくださいますよう、心からお願い申し上げる次第でございます。

2　地域からの声

小磯盟四郎「乱開発と闘う住民運動の『希望の星』」

忘れもしない2002年12月18日のことです。新聞夕刊各紙が一面トップで、国立市明和44mマンションに関し、「20m超の部分撤去命令」地裁判決を大きく報道したのです。

当時、川崎市内各地で、大マンション建設をめぐる住民の反対運動が頻発していました。南武線沿線に立地していた大手電機産業の工場群が相次いで撤退し、おしなべてマンション建設予定地になったのです。日影規制、高さ規制のない工業地域であることを利用した、いずれも巨大高層マンション計画で、各地で活発な反対運動が行われていました。

同年3月、北部地域で活発に取り組まれていた緑地保全運動の仲間などを含め、18団体で結成したのが略称「川崎まち連」です。各自の運動の情報交換と集会・抗議行動や議会請願審査傍聴などの支援動員など、連帯行動が始まりました。

しかし、どんなに頑張っても、「適法・合法建築物」という岩盤のような壁に跳ね返され、苦杯をなめ続けてきたのが現実です。そこに差し込んだ強烈な光明、それが住民に景観利益を認めて明和マンションの一部撤去を命じた地裁判決だったのです。

2013年9月21日、上原国立市長を招いてまち連主催の「川崎市民のつどい」を開催しました。上原市長は、スライドを映写しながら、日本一美しいと評される大学通りの景観は、戦後営々として続けられてきた国立市民の運動なしにはありえないことを詳しく紹介したうえ、「日頃どんなまちに住みたいかという深い思いと50年、100年先を想定した市民みんなのまちづくりの努力がなければ裁判の勝利もない」と力を込めて訴えました。

「隣にひどいマンションが建つというので、あわてて反対運動を始めるのでは手遅れ」という耳が痛い一言をはじめ、1時間余に及ぶ講演は、参加者に深い教訓と感動を残しました。

国立市民と市長が勝ち取った画期的成果が、川崎の運動に直接影響を与えたのが宮前区鷺沼の東急マンション反対運動です。かつて東急自身が建設販売した閑静な低層戸建て住宅街の目の前、サレジオ学院跡地（2・6ha）に、高さ31m、524戸の大マンションを建設する計画です。公開空地の設置で15m高さ制限の緩和を受けているのに、それが馬蹄形状のマンションに囲まれた中庭であることも強い反発を招きました。

住民は、国立弁護団の援助を得て、「15m以上を建ててはならない」という景観裁判を開始。ところがある日、突然工事が止まりました。深刻な土壌汚染が見つかったのです。住民が工事監視活動を続けていたため隠し切れず、5階まで建ちあがっていた躯体を全部解体し、長期の汚染改良工事に入ることを余儀なくされました。

その後、新たに発表された建設計画は、15ｍ高さ制限内に大きく変更されたほか、さまざまな住民要求を取り入れました。全国的にも稀な成果は、国立地裁判決、それを勝ち取った国立市民の運動抜きにはありえなかったことは間違いありません。

現在、川崎のまちづくりにとって最大の課題は、武蔵小杉の超高層再開発です。２００ｍ近い超高層を含め、20棟もの高層巨大マンションが林立し、３万人近い過密な人口集中をもたらす計画です。骨折者までだす強烈な風害、殺人的な小杉駅混雑、複合日影被害など、「住みたい街」にランクアップされる小杉の街は、開発が進むにつれ、「住みやすい街」とはとても言えない現実があらわになっています。

今や、人口減少の急進と空き家・空き室の急増は、誰の目にも明らかとなってきました。しかし川崎市は、他都市と人口を奪い合う「都市間競争」で生き延びようと、超高層＝人口過密集中再開発政策に固執しています。いずれその破綻は避けられません。

上原さんが言われた「市民みんなの不断のまちづくりの努力」を原点に、市民不在のまち壊しと粘り強く闘っていく覚悟です。

上村千寿子「国立の運動が切り開いた道」

２００２年暮れ。その年の６月に流山の自宅近くにある梅畑のマンション計画が発覚。その日から私の生活は一変し、ただでも忙しい仕事をしながら、ホームページをつくり、メーリングリストでご近所をつなぎ、全国のマンション反対運動のサイトから情報を集め、市の担当部局に行き、議員と会い、新聞社に情報を送り、マンション計画の対案を募集する「対案コンペ」を企画し、私はまさにマンション紛争と睡眠不足のまっただなかでした。そんな毎日の中で、マスコミで報じられた「マンションの20mを超える部分の撤去を命じる」という国立マンション訴訟の判決は輝いていました。それまで事業者のいかにも上から目線の対応に、市役所も制度もまったくこちらの味方になってくれないことを痛感することばかりの私たちにとってまさに希望の星でした。「そうだ、私もぜったいに頑張ろう」と思う目標が国立だったのです。

その後、千葉県流山市の梅畑のマンション計画が中止になるまでに10年を要しました。裁判に耐え、運動が継続できたのは地元の方達の応援もありますが、離れていても国立の力強い運動が心の支えになりました。

2008年に、全国のマンション紛争や景観問題に直面した当事者をつなぎ相互に支援することと制度改正をめざす「景観と住環境を考える全国ネットワーク（景住ネット）」が設立され、私も事務局として運営にかかわるようになりました。

会員からの相談は、マンション計画による日照や圧迫感から生じる環境問題、巨大な建物などによる街並みの破壊、歴史的な価値のある建物の保存、緑地などの保護や自然景観とかかわるものなどさまざまで、都市開発にはたくさんの問題があることを実感するとともに、その問題の内容や解決への方法は少しずつ変化していることも感じました。

もっとも大きいのは国立マンション問題もきっかけになったといわれる景観法ができたことです。欠点は指摘されるものの、自治体は景観条例と景観計画をつくり、そこにはさまざまな景観を語る言葉があり市民も景観を意識するようになっているのではないでしょうか。

また、マンション紛争の防止、景観保護の目的で高度地区による絶対高さをきめ細かく定める自治体が増えて、そういう自治体ではマンション紛争は明らかに少なくなっています。

さらに、開発計画を早期に公開し、地域との協議を義務化する「協議調整型まちづくり条例」をつくる自治体も増えています。問題点を公開の場で事業者、住民、専門家が協議する方式は、本当の市民参加のまちづくりだといえます。

まだまだ十分とはいえませんが、国立の運動によってさまざまな反対運動などがクローズアップされ、やる気のある自治体で都市計画制度の利用や条例制定が進み、問題解決につながっているのだと思います。国立の運動が道を開いてくれたのです。

今も、２０２５年には人口がピークを迎えるといわれている東京とその周辺では、巨大再開発が止まりません。容積緩和、超高層、超過密の都市開発で、急激に人口が増え、駅や学校、保育園などのインフラがパンクするほどです。空き家が８２０万戸あるといわれ、新築一辺倒のまちづくりが破綻しているのは誰の目にも明らかです。

だからこそ、国立のヒューマンスケールを大切にした緑の景観がますます輝いて見えてきます。

3　保坂展人「地方自治の根幹を揺さぶる最高裁決定と首長の覚悟」

私は、東日本大震災と東京電力・福島第一原子力発電所の事故直後の2011年4月に世田谷区長に当選し、2015年4月に再選されて、現在2期目をつとめています。自治体の長としての仕事も、7年目となります。この間、人口90万人となる世田谷区の行政運営をめぐる森羅万象に関して、間断なく意志決定を続けてきました。

最高裁で上告棄却となった上原公子元国立市長をめぐる「国立景観求償裁判」について、意見を述べたいと思います。私は、「景観法」制定につながった国立市の歩みに対して、強い関心を抱いてきました。そして、裁判の行方は、都市景観のみならず、地方自治のあり方と首長の職務に大きな影響を与えると強く懸念するからです。

最高裁判所が上告棄却の決定をする前に、「自治体による景観規制」と企業の動向について、こんな記事が日本経済新聞に掲載されました。

「景観規制自治体に広がる町並み維持　企業も動く」

良好な景観を保って地域の魅力を高めるため、建築物や屋外広告を規制する動きが地方自治体に広がっている。政府も法整備で後押ししており、美しい街並みを観光客誘致につなげる狙いもある。一方で、企業は全国共通だった店舗デザインを見直すなどの対応を迫られている。経済活動とのバランスに配慮した施策が求められる。

（2016年10月17日付日本経済新聞）

本文記事には、兵庫県芦屋市の景観条例の経過をふりかえり、自主条例から景観法をふまえた条例改正で市内を景観地区に指定し、本年（2016年）7月に制定された屋外広告物条例をとりあげています。また、京都市の屋外広告物条例が厳格化されて、街並みを変化させたことや、12月に世田谷区で店舗を開店する「ニトリ」は、区条例にもとづいて「外観が周囲と調和しているかどうか」を、専門家を交えて検討し、看板の照明等を景観に配慮して変更したことも紹介されています。

景観法の制定を受けて、世田谷区は平成19（2007）年に「世田谷区風景づくり条例」を全面改正しています。区条例では、一定規模以上の建設物等について「建設物及び工作物の新築・増築・改築・外観変更をともなう修繕・模様替え・色彩変更」は「特定届出対象行為」としています。区長は「良好な景観の形成のための行為の制限に関する事項を定めた時には、当該行為の制限に適合しない行為をしようとした者又はした者に対し、当該行為の制限に適合させるため、必要な措置をとるよう指導することができる」（第32条）と決められています。

また「風景づくりの基準」では建築物の高さに触れて、「高さは、周辺の建築物群のスカイラインとの調和に配慮する」として、周辺建物群から著しく突出しないように「建築物の高さ・規模」の配慮を求めています。

先の日本経済新聞の紙面では囲みで「国立のマンション巡る最高裁判決契機　住民の合意形成がカギ」という解説記事もあります。

景観の維持・整備の取り組みの広がりは、景観法施行から1年余りたった2006年3月、最高裁が東京都国立市の高層マンションを巡る訴訟の判決で「地域の居住者が良好な景観を享受する利益は法律上の保護に値する」と初めて認めたことが契機の一つとなった。

景観法制定の翌年、2006年の国立市のマンション訴訟における最高裁判決が、「住民が良好な景観を享受する権利」を認めたことが、全国各地で広がる景観維持・整備のための自治体の取り組みにつながったと解説しています。世田谷区でも条例改正をして行政指導を強化しました。こうして、国立市における景観をめぐる市民運動や行政判断、そして司法判断は、社会的に大きな「景観ルール」を波及・確立していくことに大きな役割をはたしたことに、議論の余地はないように思います。

しかし、国立市が上原元市長を提訴した「景観求償訴訟」は2014年に東京地裁で国立市が「請求権棄却」と敗訴したものの、2015年12月の東京高裁判決では、正反対の司法判断となり、上原元市長に対して「国立市に3123万円と遅延損害金を支払え」と命じる内容となりました。

自治体を代表して首長が政策決定をしたことで、住民や民間企業が損害を受けたと訴訟を提起することは、私もすでに訴訟当事者としていくつか体験している事例もあり、珍しいことではありません。

しかし、首長が都市景観を破壊する乱開発に危機感を持ち「景観の保持」を公約で掲げ、政策判断をしたことを「営業妨害」と認定され、退任後に個人で賠償責任を負うような判例は、自治体経営を預かる全国の首長に対して、大きな影響を与えることは明らかであり、地方自治の根幹をゆるがすことになると危機感を持ちます。

世田谷区では、2011年に住宅地に墓地建設計画が持ち上がり、周辺の住民による強い反対運動が起きました。住民からは、墓地を計画している宗教法人は、「無人寺の名義」を利用して営業活動（いわゆる「名義借り」）をしている事業者に他ならないとして、区に許可しないよう求めてきました。私は、事業計画の許認可にあたる保健所に対して慎重かつ正確に「活動実態」「財務内容」について調査をするように求め、区は事業者の申請に対して「不許可」の決定を下しました。この件では、2014年11月に事業者から世田谷区に対して行政訴訟が提訴されましたが、2016年10月に区が勝訴し、事業者側はそれ以上、控訴して争うことなく、そのまま確定しています。

住宅地に隣接する墓地建設と周辺住民の反対運動は、首都圏でもいくつかの自治体で発生しています。世田谷区同様に反対住民が首長に許可しないように判断を求めても、「不許可にすると、裁判になって賠償請求されると困るから許可にせざるをえない」という趣旨の発言がテレビで紹介されていました。

私は行政のトップとして、「墓地経営許可」の申請を受けて、法令にのっとり調査を重ね、必要な資料を求め、客観的に判断をします。「周辺住民の反対の声」は、事業者が住民の理解を得ているかどうかの重要な要素ではありますが、それだけで判断できるものではありません。

審査にあたる保健所が、墓地経営許可を申請してきた宗教法人に、活動実態があるのか、また、当該宗教法人が永続的に墓地経営を行うに足る財政上の基盤を有しているか、宗教法人の裏で営利企業が実質的に墓地経営の実権を握るような関与をしていないかなどの確認について、事業計画を提出した法人を問い質したものの十分な説明と資料が得られなかったことから「不許可」としたものです。

もちろん、「不許可」ですから、墓地建設のために用地を確保して事業計画を進めようとしていた事業者にとっては、大きく算段が狂うことになります。「営業妨害」だと言われて、区のみならず私人として損害賠償を求められるリスクも意識していました。ただ、首長が私人として「訴訟リスク回避」を優先するならば、申請内容にいくつもの疑義はあっても、本来は「不許可」相当であっても、「許可」判断に傾きがちです。

今回の最高裁決定により、従前から首長の多くが持ってきた「ことなかれ主義」が支配的になることを危惧します。もし、退任後までつきまとう「訴訟リスク回避」が一般的に定着するようであれば、住民の利益と法令上の適合性を客観的に判断する責務を有する行政の長でありながら、本来の職責をはたせなくなります。

最高裁判所は、上原元市長の上告を退け、「個人として利息分も含む多額の賠償請求を受けるべし」と決定した影響は地方自治を蝕みます。しかも、全国に「景観権」を提起した上原元市長と国立市民を評価した最高裁判例によって、「景観法」制定の素地をつくりあげた司法判断は逆立ちしたと言わなければなりません。都市部で前進してきた「景観規制」は、基本的に事業利益を優先した事業者の求めを規制することで、都市景観を改善することをめざしています。

首長とは行政の長であるとともに、民意によって選出された政治家でもあります。

日本列島に工場からの煤煙や排水が大量に吐き出され、大気汚染や河川や海の汚染が深刻となった１９６０年代から１９７０年代にかけて、「経済成長か、環境改善か」という政治的対立軸がありました。国民・住民は、環境悪化は生命と生存を脅かすとして、環境改善を優先して産業構造を再編することを求めました。環境庁が設立され、環境省となって、今や先進国のみならず、地球温暖化防止が地球的課題となっていることは歴史的な事実です。

都市住民にとって「子育て環境」「緑の保全」「風格ある街なみ」「住みやすさ」は、居住地を決める大きな要素となります。これまで以上に、都市の魅力を向上させ、法令上の「事業者の個別的利益」を理解しつつも、都市景観の保全には住民合意により規律・規範が、これまで以上に必要な時代となります。

時代を先取りしようとすれば、既得権との利害衝突は避けられません。漫然と過去の事例と判断にならうような自治体運営は、都市部の自治体の首長に許されるものではありません。住民の声を聞き、将来の住民に引き継がれる都市景観を保全するには、「政治決断」も必要となります。残念ながら、今回の最高裁判所の上告棄却決定は時代の流れに逆行するものです。秩序ある景観の確立に向けた住民自治と自治体の努力を続けることで、一日も早く司法判断の変更を求めたいと思います。

「上原公子はひとりじゃない」という募金の呼びかけに、多くの人々が呼応してくれました。その運動の広がりに可能性を感じると共に、必ずしも衆知の事実になっていない本件の事実経過を多くの人に知ってほしいと思います。

2010(H22)	12.22　義務付け訴訟につき東京地方裁判所は国立市敗訴の判決（川神判決）
2011(H23)	1.5　義務付け訴訟につき国立市が控訴。4　国立市長選で関口氏が破れ佐藤一夫市長が誕生。5.30　義務付け訴訟につき国立市が控訴を取り下げる。このため，国立市が元市長上原に対して賠償金約3123万9726円の支払いを請求することが国立市の義務として確定。12.21　上原元市長が支払いを断り，国立市が元市長上原に対し賠償金3123万9726円の支払いを求めて東京地方裁判所に提訴（国立景観求償裁判）。
2012(H24)	4　最高裁判所が神戸市事件（20日），大東市事件（20日），さくら市事件（23日）につき首長の個人責任を認めた高等裁判所の判決を破棄。11.9　くにたち大学通り景観市民の会「くにたち景観裁判“市民自治が裁かれる”〜上原弁護団と語る」ゲスト・佐高信。
2013(H25)	11.24　トークセッション「首長の責任とは。」村上達也（元東海村村長）×上原公子×寺西俊一（一橋大大学院教授）12.19　国立市議会，上原元市長に対する求償債権放棄の議決。3　国立市議会，求償権放棄の執行を求める決議を可決。
2014(H26)	9.25　国立景観求償裁判につき東京地方裁判所は上原に支払い義務がないとして上原勝訴の判決（増田判決）。10　国立市議会，国立市に控訴をしないよう求める決議を可決。10.9　国立景観求償裁判につき国立市が東京高等裁判所へ控訴。
2015(H27)	3　国立市議会，元市長に対する高額請求訴訟に関する経費の執行凍結を求める決議を可決。5.19　4月の統一地方選挙で議会構成が変わり，佐藤市長「与党」が多数となり，国立市議会で上原に対する求償権行使を求める決議が可決。12.22　国立景観求償裁判につき東京高等裁判所は上原に支払い義務ありとして，一転，上原敗訴の逆転判決。12.26　上原が最高裁判所に上告・上告受理を申し立てる。以後，最高裁判所に対する要請行動を4回行う。
2016(H28)	8.12　トークセッション「首長の仕事とは」上原公子（元国立市長）×嘉田由紀子（前滋賀県知事）。11.16　原告・佐藤一夫国立市長が逝去。12月25日に市長選が行われ，佐藤市長の後継・永見理夫が市長に当選。12.13　最高裁判所が上原の上告棄却，上告受理申立棄却を決定。
2017(H29)	1.27　国立市（永見市長）から，3123万9726円・遅延損害金の求償金の請求書が届く。この時点で支払額は4500万円を超えていた。2.11　くにたち上原景観基金1万人の会，設立集会。5.26　国立市へ上原さんに代わってカンパ3123万9726円を「一部弁済」をする。6.11　映画上映会&シンポジウム「上原景観裁判と司法のあり方を考える〜「上原基金1万人の会」中間報告をかねて」ゲスト・井戸謙一元裁判官　11.21　残りの金額1432万3200円を返済し，4556万2926円を「完全弁済」する。12.16　「完全弁済」記念集会を開催。くにたち市民芸術小ホールにて。

	ン問題」の始まり。 8 近隣住民・桐朋学園・市民団体により「東京海上跡地から大学通りの景観を考える会」発足。陳情提出のための街頭署名活動を開始。 9.22 国立市議会（9月議会）開催。陳情を採択（5万479人の陳情署名）。 10.18 国立市景観審議会が開催。景観条例をクリアしなければ指導要領に基づく審査に入らない旨を明言。 11.15 市民から地権者82%の同意署名を添え，高さ制限の地区計画要請が提出される。 11.24 地区計画原案の公告・縦覧開始。
2000(H12)	1.5 明和地所，根切工事開始。 1.19 地区計画の早期条例化を求める要望書の提出（署名数7万284人）。 1.21 都市計画審議会が全会一致で地区計画を決定。 1.24 国立市民が東京地方裁判所に建築禁止仮処分を申し立てる（建築禁止仮処分申立事件）。 1.31 国立市議会（臨時議会）で20m高度制限地区計画の条例化を決定。 2.24 明和地所が国立市を相手に「地区計画，建築条例の無効確認」を求めて東京地方裁判所に提訴（地区計画・建築条例改正無効確認訴訟）。後に4億円の損害賠償を追加請求（2001年）。 3.31 国立自民党市議団が東京地方裁判所に，臨時議会について損害賠償請求を提訴（2003年9月，東京地裁，自民党市議の請求棄却）。 12.22 東京地方裁判所が建築禁止仮処分異議申立事件につき明和マンションを違法建築と判断して棄却（江見決定）。
2001(H13)	3.26 市民が東京都に対し明和マンション違法建築部分（20mより上の階）の取り壊しを求める請願（11万人署名）。 3.29 市民が明和地所に対し違法建築部分（20mより上の階）の撤去を求めて東京地方裁判所に提起（違法建築撤去訴訟）。 5.31 市民が東京都に対し明和マンション違法建築部分につき20m以上の除却命令を求める行政訴訟を提訴（除却命令訴訟）。 12.4 除却命令訴訟につき東京地方裁判所が20mを超える部分は違法建築であり東京都が是正命令を行使しないことは違法と判断し，市民勝訴（2002年6月，東京高等裁判所で市民敗訴）。
2002(H14)	2.4 地区計画・建築条例改正無効確認訴訟につき東京地方裁判所は条例を有効とするも国立市に対して4億円の損害賠償を命じる（2005年12月東京高等裁判所で地区計画の適法性を認め，損害額2500万円に減額）。 12.18 違法建築撤去訴訟において東京地方裁判所が明和地所に対して20m以上の建築物の撤去を命じる（宮岡判決）（2004年10月東京高等裁判所で市民敗訴，2006年3月，最高裁判所，上告を棄却。但し，景観利益は認める）。
2004(H16)	6 「景観法」が制定される。
2007(H19)	4 上原市長退任。上原市長の後任者たる関口博氏が市長に当選。
2008(H20)	4 最高裁判所，国立市の上告を棄却し，二審判決が確定。国立市に2500万円・損害遅延金の合計3123万9726円の支払いを命じ，裁判終結。明和地所が賠償金・遅延金の同額3123万9726円を国立市に寄付。 6 国立市議会が明和地所に対する裁判費用の債権放棄を議会で採択。
2009(H21)	3 4人の国立市民が市が明和地所に支払った3123万9726円は上原元市長が責めを負うべきであり，市は上原氏に求償すべきとして住民監査請求。 4 監査委員より，市に判断を委ねる内容とする監査請求報告。 5 4人の国立市民は市の監査請求を不服として東京地裁に提訴（義務付け訴訟）。

年表　国立の市民自治・明和マンション問題

年	事　項
1922(T11)	関東大震災。千代田区神田一ツ橋所在の東京商科大学（現・一橋大学）が崩壊。
1924(T13)	箱根土地（現・プリンスホテル）堤康次郎が谷保村（現・国立市）100万坪買収。東京商科大学を誘致し，理想の学園都市構想を打ち立てる。
1926(S 1)	箱根土地，土地一区画を200坪として住宅販売を開始。堤は，「公園のようなまち」をキャッチフレーズに建築物に対しても美にこだわり，建築物に制限をかける。
1934(S 9)	まちの活性化のため町ぐるみで大学通りの緑地帯に桜を植樹。
1943(S18)	現在の国立地域（東・中・西・北）で谷保村大字国立が成立。
1951(S26)	朝鮮戦争出兵で増加した米兵の歓楽街化を阻止する「浄化運動」始まる。その後「文教地区指定運動」へ展開。大学や有識者を中心に「文教地区協会」設立（1952年）。「まちづくり」の発祥。町制施行により「国立町」発足し，文教地区指定派の町長の誕生。運動に参加した市民が多く議員となる。
1952(S27)	日本で初めての市民発「文教地区」の指定を受ける。国立市民は，この運動で自ら「開発」ではなく「環境」第一のまちづくりを選択。
1954(S29)	主婦で作る「火曜会」が国立町財政の学習をし，教育予算の獲得運動を展開（21世紀に残したい映画100本の1つに選定されたドキュメンタリー『町の政治――勉強するお母さん』が作成される）。
1967(S42)	市政施行により「国立市」発足。
1970(S45)	大学通りに歩道橋を設置することの是非を巡り国立市民により差止裁判が提訴（歩道橋事件。日本で初めて「環境権」を訴えた裁判）。
1973(S48)	大学通り桐朋学園東隣地に「軍艦マンション」7階80戸の計画浮上。住民と学園の共闘による紛争で，33戸2階建てのテラスハウスに変更。
1993(H 5)	大学通りのビリヤード場跡地に建設予定のマンション計画を巡り最初の景観紛争が生じる。
1994(H 6)	国立市景観条例制定を求める直接請求運動が展開されるが，国立市長の反対意見により国立市議会で条例制定が否決される。
1995(H 7)	国立市景観条例制定を公約に市長再選。マンション紛争，裁判多発。
1996(H 8)	日本で初めて普通のまちの「景観裁判訴訟」が開始される（原告300人）。
1999(H11)	**4**　国立市長選。景観問題で直接請求運動をしたメンバーを中心に「市民自治の復権」を目指した市長選が取り組まれ，「景観裁判訴訟」の原告団幹事・上原公子が当選（東京初の女性市長が誕生）。 **7.22**　明和地所が東京海上の土地を買収。明和マンション（18階建て40m）計画が明らかとなる。「明和マンショ

T＝大正，S＝昭和，H＝平成。太数字は月，日。

○草加耕助（上原救援市民勝手連）
○竹内彰一（上原救援市民勝手連）
○北　和也（上原救援市民勝手連）
○榊　誠（上原救援市民勝手連）
○浜　矩子（エコノミスト）
○花輪伸一（沖縄環境ネットワーク世話人）
○盛田隆二（作家）
○本間　龍（作家）
○升味佐江子（弁護士）
○中川智子（宝塚市長）
○室田清子（ジャズシンガー）
○井戸謙一（弁護士）
○小出裕章（元京都大学原子炉実験所助教）
○横井久美子（シンガーソングライター）
○斎藤貴男（ジャーナリスト）
○小森陽一（東京大学教授）
○木村真実（弁護士）
○関島保雄（弁護士）
○中村晋輔（弁護士）
○平　和元（弁護士）
○齊藤園生（弁護士）
○田中　隆（弁護士）
○杉浦ひとみ（弁護士）
○折田泰宏（弁護士）
○井原勝介（前岩国市長）
○田島泰彦（上智大学教授）
○保坂展人（世田谷区長）
○雨宮処凛（作家）
○想田和弘（映画作家）
○川口智久（一橋大学名誉教授）
○佐藤　学（学習院大学教授・東京大学名誉教授）
○俵　義文（子どもと教科書全国ネット21事務局長）
○大田昌秀（元沖縄県知事・沖縄国際平和研究所）
2017年6月12日ご逝去
○加藤一彦（東京経済大学教授）
○池上洋通（自治体問題研究所理事）
○波多野憲男（都市計画研究者）
○飯田哲也
○前田　朗（東京造形大学教授）
○高橋哲哉（東京大学大学院教授）
○崔　善愛（ピアニスト）
○中山武敏（弁護士）
○清水　睦（中央大学名誉教授）
○吉田善明（明治大学名誉教授）
○野中俊彦（法政大学名誉教授）
○石村　修（専修大学教授）
○広瀬　稔
○高橋なおみ
○荒井文昭（首都大学東京教授）
○乾　彰夫（首都大学東京名誉教授）
○宇佐美ミサ子（女性史研究家）
○児美川孝一郎（法政大学教授）
○毛利和雄（元NHK解説主幹）
○武内裕三（印刷会社社長）
○荒牧重人（山梨学院大学大学院教授）
○加藤哲郎（一橋大学名誉教授）
○森　達也（映画監督）
○林　博史（関東学院大学教授）
○星野弥生（翻訳家）
○結城翠唱（ミュージシャン）
○米田佐代子（女性史研究者）
○五十嵐敬喜（法政大学名誉教授）
○河合弘之（弁護士）
○村上達也（元東海村村長）
○宇都宮健児（弁護士）
○中村雅子（桜美林大学教授）
○井筒高雄（元自衛官）
○冨田杏二（元NPO理事長）
○落合恵子（作家）
○渡辺浩一郎（元衆議院議員）
○加藤賀津子（フリーライター）
○廣田全男（横浜市立大学教授）
○加藤憲一（小田原市長）
○鷹田　哲（弁護士）

以上

くにたち上原景観基金１万人の会

◆理事５名
佐藤和雄（元小金井市長　★代表）
斎藤　駿（会社相談役）
山内敏弘（一橋大学名誉教授）
窪田之喜（弁護士）
佐々木茂樹（くにたち大学通り景観市民の会）
◆事務局
小川ひろみ（くにたち大学通り景観市民の会）

◆呼びかけ人
○伊藤　真（法学館・伊藤塾）
○田中優子（法政大学総長）
○鎌田　慧（ジャーナリスト）
○上村千寿子（景観と住環境を考える全国ネットワーク）
○小磯盟四郎（まちづくり・環境運動川崎市民連絡会）
○曽我逸郎（前中川村村長）
○岩見良太郎（NPO法人区画整理・再開発対策全国連絡会議代表・埼玉大学名誉教授）
○廣瀬克哉（法政大学教授）
○小林　緑（国立音楽大学名誉教授）
○渡辺　治（一橋大学名誉教授）
○広原盛明（京都府立大学元学長）
○上田文雄（前札幌市長）
○渡辺一枝（作家）
○椎名　誠（作家）
○吉岡達也（ピースボート共同代表）
○野平晋作（ピースボート共同代表）
○高田　健（戦争させない・9条壊すな！総がかり行動実行委員会共同代表）
○富野揮一郎（福知山公立大学常任兼副学長）
○平塚眞樹（法政大学教授）
○安藤聡彦（埼玉大学教授）
○日置雅晴（弁護士）
○鈴木　耕（一般社団法人マガジン９代表理事）
○安次富浩（沖縄・ヘリ基地反対協議会共同代表）
○本山美彦（京都大学名誉教授、大阪労働学校アソシエ学長）
○下山　保（協同センター･東京代表）
○武　建一（中小企業組合総合研究所代表理事、連帯労組・関生支部委員長）
○若森資朗（ソウル宣言の会代表）
○服部良一（元衆議院議員）
○大野和興（農業ジャーナリスト）
○生田あい（変革のアソシエ事務局長）
○三上　元（前湖西市長）
○桜井勝延（南相馬市長）
○山田　功（元勤医会東葛看護専門学校校長）
○村井敏邦（一橋大学名誉教授）
○古川　純（専修大学名誉教授）
○内田雅敏（弁護士）
○只野雅人（一橋大学教授）
○白石　孝（NPO法人官製ワーキングプア研究会理事長）
○池田香代子（ドイツ文学者･翻訳家）
○白藤博行（専修大学教授）
○寺西俊一（一橋大学名誉教授）
○佐高　信（評論家）
○鎌田　實（医師）
○松崎菊也（戯作者）
○吉原　毅（城南信用金庫相談役）
○山口二郎（法政大学教授）
○小室　等（歌手）
○溝口　敦（ジャーナリスト）
○杉原泰雄（一橋大学名誉教授）
○下川　浩（獨協大学名誉教授）
○右崎正博（獨協大学教授）
○宮田　律（歴史学者）
○阪口正二郎（一橋大学教授）
○柘植洋三（上原救援市民勝手連）
○武峪真樹（上原救援市民勝手連）

[編者]
上原公子（うえはら・ひろこ） 元国立市長
小川ひろみ（おがわ・ひろみ） くにたち上原景観基金1万人の会・事務局
窪田之喜（くぼた・ゆきよし） 弁護士
田中　隆（たなか・たかし） 弁護士

国立景観裁判・ドキュメント17年
——私は「上原公子」

2017年12月16日　初版第1刷発行

編　者　上原公子・小川ひろみ
　　　　窪田之喜・田中　隆
発行者　福島　譲
発行所　㈱自治体研究社
〒162-8512 新宿区矢来町123 矢来ビル4F
TEL：03·3235·5941／FAX：03·3235·5933
http://www.jichiken.jp/
E-Mail：info@jichiken.jp

ISBN978-4-88037-675-2 C0036

印刷：モリモト印刷
DTP：赤塚　修